Werden und Vergehen auf der Erde

im Rahmen chemischer Umwandlungen

Für Studierende aller Fakultäten und gebildete Laien

Von

Dr. Carl Kippenberger

a. o. Professor an der Universität Bonn

Mit 26 Abbildungen

Bonn 1915

A. Marcus & E. Webers Verlag

Dr. jur. Albert Ahn

Druck: Otto Wigand'sche Buchdruckerei G. m. b. H., Leipzig.

Vorwort.

Der Versuch, vor einer Hörerschaft aus allen Kreisen der Bevölkerung einen Hochschulvortrag über chemisches Geschehen in der Natur zu geben, veranlaßte mich im Wintersemester 1910/11 zur Zusammenstellung von wissenschaftlichen Erzählungen, die der vorliegenden Ausarbeitung zugrunde liegen. Will man dabei „Wissenschaft" und „allgemeine Verständlichkeit" verknüpfen, so fällt es bei der Wahl des Stoffes an manchen Stellen doch recht schwer, das eine zugunsten des anderen einzuschränken. Darum mag etwas entstanden sein, das stellenweise vielleicht erst durch den Einblick in die Lehrbücher der Spezialwissenschaft mit Erfolg aufgenommen werden kann. Ist das ein Nachteil? Mir scheint nein, denn auch eine populär-wissenschaftliche Schrift muß wenigstens in einigen der Einzelheiten anregend wirken zum Studium auch anderer Bücher der wissenschaftlichen Disziplinen, jedoch ohne hierzu etwa zu zwingen.

Meine kleine Schrift bietet freilich kein vollständiges Bild vom Werden und Vergehen der Natur; sie will nur an ausgewählten Beispielen Einzelheiten beschreiben, die dem Leser einen genügenden Einblick in die Geschehnisse der Natur geben, um ihm den Zusammenhang der sogenannten anorganischen und der sogenannten organischen Welt unseres Planeten vor Augen zu führen. Diese Erkenntnis führt dann den Leser zu der Überlegung, daß unser Planet Erde als ein Teilchen der Weltenmaterie anzusehen ist, das in seinen Umwandlungsmöglichkeiten abhängig sein wird von vielen anderen Teilen dieser Weltenmaterie.

Als junger Student hatte ich in Würdigung der naturwissenschaftlichen Forschungsergebnisse Zweifel an der Wahrheit gewisser allgemeiner, der menschlichen Erziehung dienender Lehren; die Vertiefung in die Naturwissenchaften hat mir betreffs dieser Zweifel den inneren

Frieden gegeben und hat mich gestärkt in dem stolzen Bewußtsein „Mensch unter Menschen" zu sein.

Möchte die Schrift, die sich viel mehr an den allgemein unterrichteten als an den in Einzelheiten geschulten Menschengeist wendet, auch Anderen die Anregung geben, das ehrliche Selbstbewußtsein zu heben in der Erkenntnis, daß der Mensch für seinen Verstand sehr vieles zu tun vermag, um die Natur immer besser verstehen zu lernen und damit auch der Ausbildung des menschlichen Charakters zu dienen.

Bonn, im Kriegsjahr 1914/15.

Der Verfasser.

Inhaltsübersicht.

Nach Möglichkeit wird die Erklärung chemischer Ausdrücke im Zusammenhange mit den Erzählungen über die chemischen Umwandlungen gegeben werden; geht das mit Rücksicht auf die Anordnung des Stoffes nicht an, so findet man die gesondert gegebene Erörterung der chemischen Ausdrücke in Form eines Anhanges auf den letzten Blättern der Schrift.

Das Sachregister berichtet auch hierüber.

Einführung.

Veränderungen unseres Planeten Erde, auf der Oberfläche wie im Inneren, werden ständig vor sich gehen; ein Heute zeigt in seinem mikroskopischen wie auch stellenweise schon im makroskopischen Bilde keine Übereinstimmung mehr mit dem Gestern. Das anorganische Gesteinsmaterial, für uns scheinbar leblos, ebenso wie das organische Leben, also Stoff und Kraft, sind in steter Umwandlung begriffen. Wir Menschen, als ein Einzelglied im vielfachen organischen Leben des Planeten, werden uns in der Erkenntnis der Geschehnisse auf der Erde plötzlich bewußt, Geschöpfe zu sein, die nur einem kleinen Abschnitte des ungeheuer langen Lebens dieses Planeten angehören können. Wir Menschen dieses 20. Jahrhunderts unserer Zeitrechnung müssen dann dankbar anerkennen, daß es vor einstweilen unberechenbaren Zeiten menschliche Gebilde gegeben hat, die im schweren Kampfe ums Dasein Kraft und Verstand in schnellem Tempo gestärkt haben. Freuen wir uns, von unseren Alt-Vorfahren dies Erbe in einer Vervollkommnung übernommen zu haben, die uns gestattet, bewußt über einen Verstand zu verfügen, einen Verstand, der uns befähigt, ihn zu stärken und weiter zu entwickeln. Uns ist aber auch die besondere Bevorzugung zuteil geworden, uns durch die Sprache verständlich zu machen. Diese verhilft zur schnellen und leichteren Entwicklung des Verstandes, indem sie uns ermöglicht, Erfahrungen im gegenseitigen e h r l i c h e n Meinungsaustausch zu ergänzen und zu befestigen.

Doch möchten wir uns hüten, in diesem Gefühl des „Starkseins“ uns selbst und unser Wissen und Können zu überschätzen. Der Erdenmensch von heute ist in keinerlei Richtung ein vollkommenes Geschöpf — oder sagen wir: ein auf der höchsten Vervollkommnungsstufe angelangtes Individuum. Unser Organismus ist ebenso wie unser Wissen nur von scheinbarer Vollkommenheit. Zunächst der Mensch als organisches Wesen: Der Erdenmensch benötigt, wie ich das in den späteren Kapiteln erzählen werde, die im Pflanzenorganismus gebildete Nahrung oder eine teilweise im tierischen Organismus umgearbeitete Nahrung, weil mangels besonderer Einrichtungen, auch schon dementsprechend mangels besonderer chemischer Einzelkörper — insbesondere der mit chemischen Energiekräften versehenen Enzyme — er nicht imstande ist, Kohlenstoff- und Stickstoffquellen der Atmosphäre zu assimilieren, um sie im eigenen Körper aufzuarbeiten zu Stoffen, die ihm die Existenzbedingungen und durch Wiederabbau auch Körperwärme und Kraft verleihen. Daß es solch bevorzugte Individuen irgendwo im Weltenraum geben k a n n, die Aufbau von Nahrung aus atmosphärischen Bestandteilen und Wiederabbau in nebeneinander nach Belieben funktionierenden Einrichtungen zur Durchführung gelangen lassen, erscheint mir nicht unmöglich. Die Tatsache der in dem Pflanzenorganismus sich vollziehenden Synthesen deutet ja schon darauf hin. Ein solches Individuum würde der Vollkommenheit schon einen Schritt näher getreten sein als der Erdenmensch. Ihm fehlt dann aber — wenigstens zunächst — das Bewußtsein, den Kampf ums Dasein in der Welt des Lebens führen zu müssen, ihm fehlt, mangels der Erkenntnis von Einzelheiten, jedes Verständnis für die Möglichkeiten solcher Vorgänge, die seinem eigenen Leben zum Nachteil gereichen werden. Solcher Art erscheint ein paradiesischer Zustand auf irgendeinem der Planeten immer nur als ein Idealzustand, der d a n n freilich vom Ideellen zum Praktischen führen kann, wenn frühzeitig von dem Individuum die Eindrücke des Lebens zu einem „Verstand" verdichtet und in „gegenseitigem A n p a s s e n" verwertet werden.

Und nun wieder der Mensch der Erde als ein Geschöpf, das mit Verstand und Vernunft begabt ist! Noch stehen wir Erdenmenschen keineswegs auf der Höhe der Entwicklung dieser Gaben; wir sind weit entfernt, die höchste Stufe d e r Entwicklung, die wir nach Menschenveranlagung erreichen könnten, wirklich erreicht zu haben. Dürften Betrachtungen in der Entwicklungsgeschichte dieses Planeten Erde nicht geeignet sein, uns zu mahnen, immer mehr „Mensch unter Menschen" zu werden und damit jene Fülle von Vorurteilen gegenüber dem Nächsten, und diesen Neid und Haß und diese Mißgunst fallen zu lassen, um in gemeinsamer friedlicher Arbeit danach zu streben, Geist und Körper zu stärken — eines Erdenmenschen würdig[1]?!

Von Stufe zu Stufe hat sich aus einem niederen Organismus der heutige menschliche Organismus entwickelt. Und was hat nicht alles dieses Geschöpf Mensch schon in den uns durch die Geschehnisse gut überlieferten Vorzeiten in viele Jahrtausende langer tüchtiger Arbeit geleistet. Malereien, ausgebildete Skulptur, staunenswerte Technik bewundern wir in den Überlieferungen des Morgenlandes, die in gewissen Einzelheiten mehrfach unsere heutige Zeit übertrifft. Und wir, die wir im Abendlande unter den Wirkungen eines zwar rauhen, aber dadurch kräftigenden Klimas, frei von der Knechtschaft tyrannischen Herrschertums unseren Schaffensgeist entfalten können, wir sollten eine hohe Aufgabe darin suchen, mit immer mehr verfeinertem Verstand die Naturgesetze zu studieren, um sie uns dienstbar zu machen in einer verfeinerten Kunst und Technik, mit Hilfe derer die Menschheit sich immer mehr frei macht von der mechanischen Arbeitsleistung, diese den sinnreich gebauten Maschinen überlassend und damit Menschenkraft und Menschenenergie für eine Verbesserung in der Verstandesarbeit stärkend. Freilich: „Vielwisserei erzeugt nicht Vernunft; nicht in der Kenntnis des einzelnen Gewordenen, vielmehr in der des Werdens liegt die Vernunft." Ich zitiere Heraklit und ich ergänze: Nicht lernen nur, um zu wissen, sondern lernen, um das Erlernte zu verwerten. Ein jedes Schaffen muß ein Ziel haben, ein jedes Denken einen Zweck.

Und wenn es dem Menschen gelingt, in solch zielbewußter Förderung seines Verstandes sich immer mehr emporzuarbeiten zu einem Beherrscher des Erdplaneten, wenn er dabei immer mehr die Materie in diesem Weltensystem erkennt, so muß er sich doch ewig bewußt bleiben, daß sein

---

[1]) Die Liebe zu der Scholle Erde, auf der man geboren, auf der man als „Mensch" unter den beschützenden Augen der Eltern aufgewachsen und erzogen wurde und unter dem Schutze der staatlichen Einrichtungen eines Kulturvolkes sich entwickelt hat, diese Liebe darf dadurch nicht beeinträchtigt werden. Diese Liebe darf nur nicht etwa ausarten in ein Gefühl der Mißgunst und des Neides gegenüber dem gleichberechtigten Mitmenschen, den nicht die Sprache und nicht Äußerlichkeiten, sondern nur „menschliches" mit uns verbindet. Aber diese Liebe zu der Scholle Erde, auf der wir geboren, muß uns mahnen gut zu rüsten zur erfolgreichen Abwehr von Übergriffen seitens des die Kultur und die Menschenrechte eindämmen wollenden Fremdlings — und das mit eigener Kraft.

Verstand zwar vieles, aber doch nicht alles begreifen kann. Wenn er einst den Energievorrat der Natur in noch größerem Maße beherrscht als dies bereits jetzt der Fall ist, so wird er, weit öfter noch als schon heute, glauben, das Rätsel aller Rätsel: den Ursprung aller Dinge deuten zu können. Wohl kann aus Stoff — der Urmaterie — ein Weltensystem sich entwickeln: aber darüber hinaus eine Erklärung zu finden, dabei versagt menschlicher Verstandesbegriff. Ich weiß, daß ich keineswegs die Zustimmung vieler der anderen Naturwissenschaftler habe, wenn ich mich dagegen auflehne, anzunehmen, daß der Stoff eben „seit Ewigkeit" oder „von Alters her da war". Ich finde, daß eine solche Erklärung lediglich eine selbsttäuschende Umschreibung für ein: „wir wissen es nicht" ist. Und auch dann, wenn wider Erwarten hierin eine bessere Erklärung als „wir wissen es nicht" gegeben werden sollte: wo bleibt die Erklärung für den Raum, in welchem sich der Stoff befindet?

Ein Etwas, das besteht, muß auch zu bestehen begonnen haben, muß also die Entstehung erlebt haben. So meine ich, es wird der Mensch heute wie später seinen Verstand nicht mit Unvernunft paaren dürfen, sich nicht überheben dürfen über sein eigenes Ich, indem er glaubt den Ursprung aller Dinge erklären zu können. Ein Mensch der das etwa könnte, würde ja gleich sein mit dem uns unbekannten Etwas, das diese Welt hat entstehen lassen und das wir, der eine in einer uns unbekannten, der andere in der uns bekannten Sprache, der eine in prunkvollem Kleide, der andere in schlichtem Gewande anerkennt und gedankenvoll verehrt, d. i. eine übernatürliche Kraft, und das ist: die von den Völkern der Erde in den mannigfachsten Formen idealisierte Gottheit[1])! In diesem Sinne schließe ich mich den Worten Goethes an, die da lauten: „Der Mensch ist nicht geboren, das Problem der Welt zu lösen, sondern nur zu suchen, dort wo das Problem beginnt und — sich dann in gewissen Schranken zu halten!"

[1]) Ich meine also: auch als Naturwissenschaftler wird man eine übernatürliche Kraft als gegeben anerkennen müssen; daß man dieser Kraft den Namen Gott gibt, ist Sprachgebrauch. Daraus folgt von selbst, daß ich der Ansicht bin: es ist sündhaft den Mitmenschen wegen seines vielleicht einseitigen Glaubensbekenntnisses zu verurteilen, eines Bekenntnisses, das ihm in familiärer Überlieferung — ungefragt — auf den Lebensweg mitgegeben wurde. Es ist vielmehr anzuerkennen, wenn der Mitmensch Religion und damit eine richtige Charakterbildung besitzt. Solange nur der „eigene" Religionsglaube der „anerkennenswerte" sein soll, kann Friede auf Erden nicht sein.

Fast möchte man verzweifeln in dem Glauben an ein übernatürliches Wesen, wenn man die entsetzlichen Ungerechtigkeiten unter Menschen dieses Planeten Erde kennt. Man fragt sich, warum die Intrigen bestialisch veranlagter Menschen von einem Gott nicht durchkreuzt, die Wirkungen solcher unmenschlichen Handlungen nicht verhindert werden? Gott hat dem Menschen Verstand gegeben, der ausreicht, bei „Menschenwillen" das Gute zu leisten und das Gute vom Mitmenschen zu verlangen. Gott legt das Schicksal des Menschengeschlechts durch die „Verstandesgabe" in Menschenhand. Wir Menschen sind Unmenschen, wenn nicht mit aller Strenge wir das Wahre und Edle — das wir doch erkennen — allein aufkommen lassen und alles Scheußliche „unbarmherzig" unterdrücken oder vernichten. Also nichts Edleres für eine Nation, nichts Edleres für das ganze Menschengeschlecht, als mit dem Selbstbewußtsein des Verstandes jede Heuchelei, jede unehrliche Handlung, jedes Dünkelhafte, sich über den Mitmenschen als „Übermensch" Überhebenwollende zu unterdrücken. Gelingt diese Unterdrückung des Unmenschlichen nicht mit der Erziehung des Einzelmenschen, dann muß die Vernichtung des Einflusses dieses Einzelmenschen mit Gewalt erfolgen bis aufgeklärt im Verstand ein der „Erde" würdiges Menschengeschlecht entsteht, das in Frieden sich zu immer höherer Kultur emporarbeitet, das bei dieser Kulturpflege es für unerläßlich hält: „edel zu denken und edel zu handeln".

Wenn wir die uns umgebende gesamte Natur in den verschiedenen Phasen der Entwicklung verfolgen, so werden wir finden, daß es keinen anorganischen, aber auch keinen organischen Bestandteil gibt, der in diesem Weltensystem verloren geht. Zwar wechselt das Antlitz dieser Natur in den verschiedenen Abschnitten des Aufbauens und des Absterbens, zwar scheint es uns, als ob dabei hier Substanz verschwinde und nie wieder gefunden werde, dort neue aus dem Nichts entstehe, doch wenn wir im Einzelnen jeden Vorgang genau studieren, so ergibt sich, daß weder Stoff noch Kraft im Haushalt der Natur verloren geht. Beständig wechseln beide nur die Formen; der Stoff durch Atomverschiebungen im molekularen Verband, die Kraft durch Überführung in aufgespeicherte oder in freiwerdende Energieform irgendwelcher Art.

Anorganische Körper bestehen aus den gut bekannten Elementen wie Sauerstoff, Phosphor, Schwefel, Stickstoff, den Metallen Kalzium, Baryum, Strontium, Magnesium, Eisen, Kupfer u. a., deren Verbindungen, darunter Salze, u. a. m.

Ich nehme ein Stück Marmor, das ist kohlensaurer Kalk; ich übergieße ihn mit einer flüssigen Säure, z. B. verdünnter Salzsäure. Der Marmor verschwindet vor unseren Augen in der Flüssigkeit — er löst sich auf. Nichts ist leichter als den Kalk wiederzufinden. Durch Zusatz von Ammoniak und Ammoniumoxalat binde ich ihn an Oxalsäure und schon fällt er als wasserunlöslicher oxalsaurer Kalk aus der Flüssigkeit aus. Schwieriger ist es, die Kohlensäure wiederzufinden. In der Flüssigkeit finde ich sie nicht, sie ist dort verschwunden; sie befindet sich jetzt als Kohlendioxyd in meinem Arbeitsraum und sie wird, wenn sie sich draußen in der Natur verteilt, bei Gelegenheit abgefangen werden, wie ich dies in einem Handexperiment tun kann, indem ich das beim Versetzen des Marmors mit Säure sich entwickelnde Gas beispielsweise in Kalkwasser eintreten lasse und so das Kohlendioxyd an Kalk binde. Während eines sich „Selbstüberlassens" kann das entweichende Kohlendioxyd aber auch in anderer Weise an Umwandlungen teilnehmen; es kann solcher Art neuem organischen Leben dienen, dadurch, daß es von der Pflanze aufgenommen und im Assimilationsprozeß der Pflanze verbraucht wird (siehe später unter: Das organische Leben der Gegenwart a) der pflanzliche Organismus). —

Organische Körper enthalten die Elemente Kohlenstoff, Wasserstoff, Sauerstoff, vielfach — wie z. B. Eiweiß — auch Stickstoff, und fast alle in der Natur als lebend bezeichnete Formen der organischen Welt enthalten von altersher gewisse Mengen anorganischer Verbindungen.

Ich nehme nun einmal eine Kerze: sie ist ein Fettgemisch — in der Hauptsache Stearin — mit einem Zellstoffaden im Inneren. Kohlenstoff, Wasserstoff, Sauerstoff sind Einzelbestandteile, aus denen dieses Material aufgebaut ist. Ich brenne die Kerze ab und vor unseren Augen verbleibt – scheinbar nichts. Der Wasserstoff hat sich mit dem Sauerstoff, auch einem Teil des Sauerstoffs der Luft, zu Wasser verbunden, das in Dampfform entweicht

$$\underset{\text{Wasserstoff}}{2H} + \underset{\text{Sauerstoff}}{O} = \underset{\text{Wasser}}{H_2O}$$

und gelegentlich vielleicht als Regentropfen oder Schneeflocke zum Erdboden fällt, vielleicht auch vom anorganischem Material — wie Gesteinsarten — chemisch gebunden wird. Der Kohlenstoff hat sich mit Sauerstoff, ebenfalls zum Teil mit dem Sauerstoff der Luft, zu Kohlendioxyd verbunden:

$$\underset{\text{Kohlenstoff}}{C} + \underset{\text{Sauerstoff}}{2O} = \underset{\text{Kohlendioxyd}}{CO_2}$$

das genau wie im Beispiel von vorhin entweder von dazu geeigneten anorganischen Körpern gebunden wird — diese also vermehrt —, oder aber organischem Leben zur Nahrung dienen wird. Beim Abbrennen der Kerze entwickelte sich jedoch auch Wärme. Ich hätte mir die Hände anwärmen, wohl auch dabei die Finger verbrennen können. Diese Wärme entspricht der Energieform, welche nötig war, um die Kohlenstoff-Wasserstoff-Sauerstoff-Verbindung ehedem zu bilden. Und diese Energieform ist die Sonnenstrahlenwärme bzw. die Sonnenstrahlenenergie; vermöge deren bilden sich solche Körper im pflanzlichen Organismus aus einfachen anorganischen Körpern — hier Kohlendioxyd und Wasser. Sie wandern dann als Nahrung in den tierischen Organismus, werden hier vielleicht zum Teil umgewandelt, um dann, abermals später, diesem Körper wieder entnommen zu werden und dann verschiedenen Zwecken dienlich zu sein, wie hier als Kerzenmaterial.

Bilder der Vergangenheit mit Vorgängen der Gegenwart.

Der Planet Erde beherbergt anorganischen Stoff seit seiner Entstehung, denn er ist nach unserem menschlichen Dafürhalten aus anorganischer Masse aufgebaut worden. Pflanzen-, Tier- und Menschenleben kann nicht seit Ewigkeit auf dem Planeten Erde bestanden haben. Organisches Leben ist gebunden an diejenige Phase in der Entwicklung des Planeten, da Oxydations- und Reduktionsvorgänge von kohlenstoffhaltigen Komplexen unter der Energie des Sonnenlichtes vor sich gehen können. Das ist aber nicht zu Zeiten gewesen, da die heutige Erdkruste in dem Zustande sich befand, in welchem das Erdinnere noch heute ist. Die Sternenwelt zeigt uns das Werden und Vergehen von Himmelskörpern und zwingt uns logische Betrachtungen zu üben, die uns die Vergangenheit auch unseres Planeten andeuten.

Hypothetisches.

Einst muß der Urwelt Nebel sich zu einem Gasball zusammengedrängt haben, der, unter dem Einflusse uns unbekannter Energiekräfte eine Bewegung mit einer zunächst immer schneller werdenden Umdrehung annahm, dabei zunächst ein stark verbreitertes Rotationsellipsoid, dann eine Kugel darstellend. Bald werden auch Absonderungen der Urnebelmasse als selbständige Massen den kalten Weltenraum durcheilt haben; unter ihnen die Masse des Planeten Erde. In eigener Umdrehung sich bewegend, wird diese Masse dann in einen glutflüssigen elementaren Zustand übergetreten sein. In diesem Zustand dürfte die Bildung der meisten Elemente, auch die Bildung einiger Verbindungen, sich bereits vollzogen haben. Es kann heute im Gegensatz zu noch nicht langer Vergangenheit die Umwandlung der Elemente, dementsprechend auch die Entstehung der verschiedenen Elemente aus einem Urelement, wohl kaum noch als eine Hypothese unverständlicher oder gar unglaublicher Art angenommen werden.

Langsam wird dann die Masse von ihrer Eigenwärme an den kalten Weltenraum soviel abgegeben haben, daß eine äußere erstarrte, also feste Erdkruste zunächst einmal entstehen konnte. Es ist anzunehmen, daß als Folge der schnellen Umdrehung der Gesamtmasse deren elementare Stoffe im glutflüssigen — teilweise auch gasförmigen — Zustande kein gleichartiges Gemisch bildeten, sondern daß je nach der Umdrehungsgeschwindigkeit und je nach der Zähflüssigkeit der Teilmassen sich eine Trennung in spezifisch verschiedene Schichten vollzog [1]).

Das wird uns verständlich, wenn ich als das Resultat der genauen Dichtebestimmung unseres heutigen Planeten Erde die Zahl 5, 6 [2]) anführe und andererseits erzähle, daß die bis heute erstarrte Erdrinde im Mittel nur das spezifische Gewicht 2,5 zeigt. Mithin müssen sich nach dem Kern der Erdkugel zu Stoffe vorfinden, die eine dichtere Beschaffenheit haben als die erstarrte Erdrinde [3]); jene sind also spezifisch schwerer als die Bestandteile der Erdrinde.

Als sich die Mondmasse von der Erde abschnürte, werden solche Trennungen in Einzelschichten schon stattgefunden haben. Einzelheiten in den Veränderungen der Schichten der Erde während der Erkaltung des Erdballs, auch solche während späterer Umwälzungen durch eruptive Vorgänge lehren die mineralogische, die geologische und die

[1]) Die Erde hat 1. eine Rotationsbewegung um ihre eigene Achse, 2. eine Umlaufsbewegung um die Sonne, 3. hat sie Bewegung angenommen, die der Bewegung des ganzen Sonnensystems angepaßt ist.

[2]) Die Dichte des Wassers bei 4° C als Einheit angenommen.

[3]) Dichte des Kalkstein, Sandstein, Gneis, Granit u. dgl.: 2 bis 2,8; Dichte des Basalt, Flußspat, Porphyr: 2,8 bis 3,1; Dichte des Schwerspat: 4,4; des Eisen: 7,8; des Kupfer: 8,9; des Silber: 10,5; des Blei: 11,5; des Gold: 19,4; des Platin: 21,4; des Iridium: 22,4.

paläontologische Forschung; sie liegen also außerhalb des Rahmens meines hier zu behandelnden Gebietes. Es wäre aber unvernünftig, wollte ich in dem vorliegenden Aufsatze jedes Grenzgebiet streng meiden; ich muß mich vielmehr vergewissern, ob chemische Anschauungen auch mit geologischen Befunden in Einklang zu bringen sind.

Nehmen wir den Übertritt der Nebelmasse in einen glutförmigen Zustand einmal ohne weiteres an, bekennen wir uns also in diesem Augenblicke zu dieser Tatsache, ohne in Erwägung zu ziehen, ob hierzu Energiezufuhr notwendig war, ob diese durch die Rotation allein gegeben war oder ob Energiequellen auch durch die Umwandlung von Materie zu verschiedenartigen Elementen frei wurden — eine Hypothese die im Hinblick auf die Ergebnisse der Radiumemanationsforschung anzunehmen ich fast geneigt bin —, so können wir den Erkaltungsverlauf dieses flüssigen Erdballs im Sinne der Forschungsergebnisse von A. Stübel und anderen Gelehrten an der Hand der nebenstehenden Abbildung ganz oberflächlich verfolgen:

Der glutflüssige Erdball muß sich allmählich abkühlen. Zwar lagert eine heiße Atmosphäre, die Pyrosphäre, um ihn herum; zwar stürzen in diese — wie heute beim Sonnenball ersichtlich — Protuberanzen des flüssigen, teilweise gasförmigen Erdballs, doch hindert das alles nicht, daß Abgabe von Wärme an den Weltenraum stattfindet. Daher findet allmählich die Bildung einer festen Decke, der ersten Lithosphäre der Erde statt. Diese ist zunächst unbeständig; sie wird stellenweise von glutflüssigen Massen durchbrochen, dann in weitem Umfange angeschmolzen, vielleicht so auch zunächst einmal ganz abgeschmolzen, bis endlich durch immer stärker werdende Abkühlung ein dünner, aber fest zu sein scheinender Panzer entsteht. Bergartige Anhäufungen auf dieser Erdfläche können schon gedacht werden. Doch die Vorgänge des Ausbruchs glutflüssiger Masse aus dem Inneren wiederholen sich in der skizzierten Weise, bis die Panzerdecke gegen 40—50 Kilometer Dicke erreicht hat und nun der Ausbruch aus dem Erdinneren zwar seltener stattfindet, dann aber von andersartigem, nicht minder gewaltigem Eindruck ist. Die chemische Untersuchung läßt erkennen, daß in dieser äußeren Erdrinde heute Kieselsäureverbindungen der Erdalkalien, vornehmlich des Kalziums, solche des Aluminiums, des

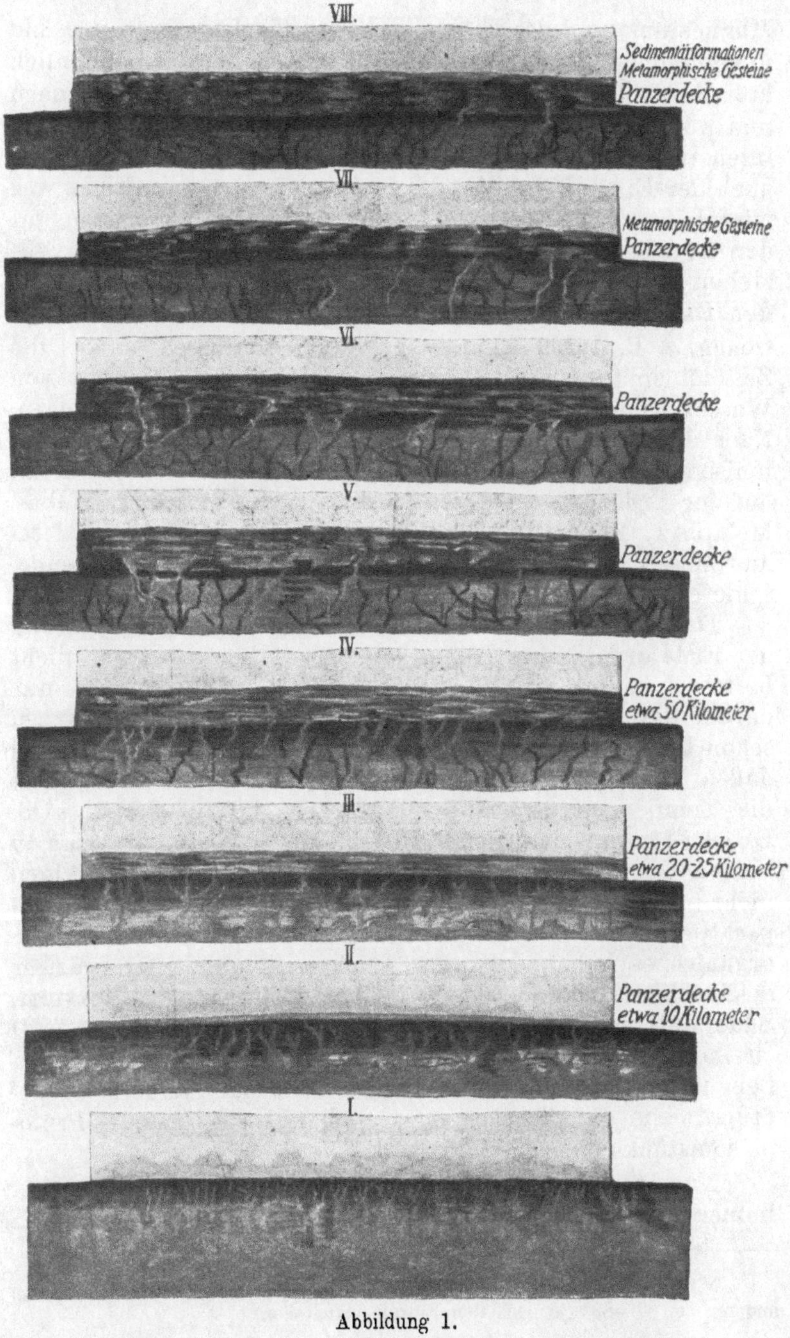

Abbildung 1.
Schematische Darstellung der Abkühlungswirkungen an der Erdoberfläche.
Gezeichnet nach Entwürfen von A. Stübel und F. Wunder.

Magnesiums und des Eisens, daneben Karbonate, Oxyde und ungebundene Kieselsäure vorherrschen. Allmählich läßt die hohe Hitze in der Umgebung der Erdrinde nach und nun beginnen die Atmosphärilien auf der Lithosphäre intensiv in Wirkung zu treten. Es ist das die Zeit, da wohl auch der Einfluß des Mondes nicht mehr ein so heftiger war wie ehedem. Es treten a) mechanische Umlagerungen auf der Erdoberfläche ein, b) metamorphische Prozesse vollziehen sich in den Gesteinen, gleichzeitig Veränderungen in den Diffusionsgemischen der Atmosphäre durch Gasexhalationen, z. B. durch Kohlendioxydausströmungen, und c) die Zeit ist spätestens jetzt gekommen, da durch Austritt von Wasser aus dem Magma die Thermalquellen entstehen. Nach dem Inneren der Erde zu erhärten Tiefengesteine (plutonische Gesteine) wie Granit, Syenit, Diorit, Gabbro u. a.; auf der Erdkruste erstarren Lavaströme zu Porphyr, Diabas, Melaphyr, Phonolith, Trachyt u. a. m. und infolge Metamorphosen bilden sich Serpentin, Talkschiefer, Hornblendeschiefer, Gneis, Glimmerschiefer, Phyllit, Eklogit u. a. m.

Daß während der ersten dieser Phasen der Entwicklung der Erde organisches Leben, wie wir es heute kennen, nicht bestehen konnte, ergibt sich von selbst. Ich erinnere nur daran, daß ja z. B. Eiweiß bzw. eiweißartige Substanzen schon bei Temperaturen von etwa 75° gerinnen [1]), aber auch daß z. B. Algen am Rande heißer Quellen leben, woselbst die Temperatur jedoch auf höchstens 60° geschätzt wird. Loeb, ein amerikanischer Physiologe, gibt an, daß man in heißen Quellen bei Temperaturen von mehr als 55° Algen nicht mehr antreffe. Die Erdrinde wird daher erst auf Temperaturen von etwa 55° abgekühlt worden sein müssen, ehe organisches Leben entstand — ich will mich jetzt präziser ausdrücken: „ehe Verarbeitung von Kohlenstoff, Stickstoff, Sauerstoff und Wasser (d. i. Wasserstoff plus Sauerstoff) zu molekularen Komplexen sich vollziehen konnte, denen Lebensfunktion innewohnt“, oder abermals anders ausgedrückt: ehe die „Zelle“ oder auch nur ein lebendes Protoplasmastückchen sich bildete.

Nun kommt hinzu, daß die Erdrinde um sich herum immer gasförmige Massen gehabt haben wird, wenn auch

[1]) Eieralbumin nach Angabe der einen bei 55,5 bis 64,5°, nach Angaben anderer bei 67—82° (je nach den Einzelbestandteilen).

ehedem in anderer Zusammensetzung als heute. Die heutige Atmosphäre besteht aus Stickstoff, Sauerstoff, Kohlendioxyd, Argon, Helium, Crypton, Neon, Xenon, Kohlenoxyd, Methan, Spuren von Stickstoffoxyd, Ammoniak und Ozon; sie ist mit Wasserdampf mehr oder weniger gesättigt. Wir nennen das Gemisch die Lufthülle (Atmosphäre). Sie ist keineswegs überall gleichmäßig zusammengesetzt; es bestehen vielmehr mehrere Schichten in Diffusionsgleichgewichten und es darf angenommen werden, daß die spezifisch leichten Gasarten nach der Peripherie zu drängen. Dem entsprechend kann ein allmählicher Übergang der äußeren Luft zum leeren Weltenraum gedacht werden. Wie die folgende Tabelle zeigt, tritt alsbald der Sauerstoff gegenüber dem Stickstoff zurück; schon in etwa 60 km Höhe kann man von einer Stickstoffatmosphäre

Zusammensetzung der Atmosphäre am Erdboden:

	Mol.-Gew.	Volumprozente
Geokoronium (einatomig) .	0,4	0,00058 (hypothetisch)
Wasserstoff H_2	2,02	0,0033 (Gautier-Rayleigh)
Helium He	4,0	0,0005 (Claude)
Wasser H_2O	18,02	wechselnd 0—4
Neon Ne	20,0	0,0015 (Claude)
Stickstoff N_2	28,02	78,06 (Leduc)
Sauerstoff O_2	32,0	20,90
Argon Ar	39,9	0,937
Kohlendioxyd CO_2	44,0	0,29 (wechselnd)
Ozon O_3	48,0	Spuren
Krypton Kr	83,0	etwa 0,0001
Xenon X	130,7	etwa 0,000005

Zusammensetzung der Atmosphäre in der Höhe in Volumprozenten:

Höhe km	Luftdruck mm	Geokoronium	Wasserstoff	Helium	Stickstoff	Sauerstoff	Argon
0	760	0,00058	0,0033	0,0005	78,1	20,9	0,937
20	41,7	0 (rund)	0 (rund)	0	85	15	0
40	1,92	0 (rund)	1 (rund)	0	88	10	—
60	0,106	5	12	1	77	6	—
80	0,0192	19	55	4	20	1	—
100	0,0128	29	67	4	1	0	—
120	0,0106	32	65	3	0	—	—
140	0,0090	36	62	2	—	—	—
200	0,00581	50	50	1	—	—	—
300	0,00329	71	29	—	—	—	—
400	0,00220	85	15	—	—	—	—
500	0,00162	93	7	—	—	—	—

(Nach A. Wegener, Ztschr. f. anorgan. Chem. 1912 (75) 107.)

sprechen; dann nimmt der Wasserstoffgehalt der Atmosphäre wesentlich zu und späterhin, bei etwa 220 km, ist vielleicht ein noch leichteres Gas, das Geokoronium bzw. Koronium in prozentual überwiegenden Mengen zu finden, das auch in der Sonnenatmosphäre zu sein scheint.

Das Himmelsblau ist keine Eigenfarbe; es entsteht lediglich durch Beugung des Lichts an den Luftmolekeln. Diese Lichtwellen sind so klein, daß sie für alle längeren Wellen (grün, gelb, rot) kein Hindernis darstellen, wohl aber für die kleinsten sichtbaren Wellen, das sind die blauen Wellen. Wenn dann jenseits dieser Wellen kein Himmelsblau mehr zu beobachten ist, so darf daraus noch nicht geschlossen werden, daß dort die Grenze der Atmosphäre sei; es ist unmöglich, eine scharf begrenzte Atmosphäre anzunehmen (A. Schmauß, Chem. Ztg., Naturw. Umschau 1912, S. 1912).

Logische Überlegungen zwingen uns anzunehmen, daß die Zusammensetzung der Atmosphäre ehedem eine andere gewesen ist. Denn wenn wir die im Erdinneren in Form von Kohlen, Anthrazit und anderem kohlenstoffführendem Material abgelagerte, ehedem organisierte Substanz plötzlich auf einmal wieder abbauen, so ergibt sich rechnerisch etwa ebensoviel Kohlenstoff als dem Sauerstoff der jetzigen Atmosphäre zur Bildung von Kohlendioxyd entspricht (Koehne). Daraus wird gefolgert, daß die Atmosphäre ehedem kohlendioxydreicher war als heute und daß dementsprechend sich zunächst einmal eine Kohlensäureassimilation unter dem Einflusse der Energie des Sonnenlichtes im pflanzlichen Organismus vollzog unter Abgabe von Sauerstoff (siehe später unter: Das organische Leben der Gegenwart a) der pflanzliche Organismus). Wir wissen jedoch nicht, in welchen Mengen die Kohlendioxydausstoßungen aus dem Erdinneren zu jenen von uns unberechenbaren Vorzeiten stattfanden.

Die Erde führt auch eine Wasserhülle, die Hydrosphäre. Diese mußte gebildet werden, als Druck und Temperaturverhältnisse die Verbindung von gasförmigem Wasserstoff mit gasförmigem Sauerstoff zu flüssigem Wasser gestatteten; es erschien das Weltmeer. Zahllose Tiere bevölkerten später das Urmeer und aus ihren Überresten entstanden in der Hauptsache Kalkablagerungen. Der Hydrosphäre gehören gegen 72 Proz. der Erdoberfläche an, und zwar besitzen unsere heutigen Meere nicht etwa flache Schüsselformen, deren Tiefe vom Land nach der Hochsee zunimmt, sondern die allergrößten Meerestiefen kommen in nächster Nähe von Inseln oder Festländern vor. Ob dies immer so gewesen ist, wissen wir nicht; manche Forscher glauben Tiefseeabscheidung aus alter Zeit zu erkennen, während andere das verneinen. In geringem, doch immer noch wesentlichem Umfange verschieben Sturm und Wetter, Ebbe und Flut die Strandlinien. Die Sonnenwärme entführt der Oberfläche des Wasserspiegels beträchtliche Mengen des Wassers in Dampfform; es fällt an anderen Orten als Regen und Schnee wieder zur Erdoberfläche.

Begeben wir uns von der Erdrinde, der Lithosphäre, in die Tiefe, so erkennen wir bald, daß wir zu immer wärmer werdenden Regionen des Erdballs gelangen. Die Temperatur nimmt pro 33 m etwa 1° zu. Rechnerisch dürfen wir in einer Tiefe von 50—75 km unter unseren Füßen eine Temperatur von bereits 1500° erwarten. Wir kommen schließlich zur Pyrosphäre der Erde; Granit, Basalt und andere Gesteine werden hier geschmolzen und bei vulkanischen Ausbrüchen dringt dementsprechend geschmolzene Lava bis zur Erdoberfläche. Es können in diesem Teile des Magma die chemischen Stoffe ebensowenig in gleichmäßiger Mischung sein, wie noch tiefer im Inneren der Erde. In den tiefsten Teilen des Erdinneren scheinen die chemischen Grundstoffe in isoliertem Zustande nebeneinander, wohl auch durchschliert[1]) sich vorzufinden. Die Temperatur im Erdkern ist verschieden hoch berechnet worden, von 5000 bis 32000°. Eine sehr heiße Gesteinsmasse ist aber nur unter geringem Druck flüssig. Sobald mit der Temperatur auch der Druck gesteigert wird, erwärmt sich die Masse, ohne zu schmelzen. Denn: die Schmelztemperatur steigt bis zu einem gewissen Druck, um nachher wieder zu sinken (Tammann); daher kann wohl von einer starren, nicht aber etwa von einer harten Erdkernmasse gesprochen werden. Bei der Druckentlastung verwandelt sich diese starre Masse sofort in eine Flüssigkeit.

Wenn nun durch ungeheuere Druckverhältnisse aus dem Magmagebiet des Erdinneren plutonische Ergüsse aufsteigend stattgefunden haben, so mußte die Erdrinde mehr

[1]) D. h. es gehen Partien der einen chemischen Art in Partien der andern chemischen Art über und durchdringen sich.

oder weniger angeschmolzen werden; es traten dadurch Einschmelzungen ein, und durch „Kontaktmetamorphosen" entstanden stellenweise Veränderungen im Gefüge der Erdrinde. Wärme dehnt bekanntlich aus und Kälte zieht zusammen. Durch das allmähliche Erkalten der Erde trat auch ein allmähliches Zusammenziehen der Erdkruste ein. Dadurch wurden Faltungen veranlaßt, die ihrerseits gelegentlich Überschiebungen zur Folge gehabt haben werden; kurz, es trat eine Reihe von Veränderungen ein, welche die Geologie, auch die Mineralogie, eingehend lehren. Hier kommt es nur darauf an, hinzuweisen, daß bei ruhigem Erkalten der Erdrinde zunächst stufenweise Kristallisationen stattfanden (sogenannte Kristallisationsfolgen). Doch die Reihenfolge der Ausscheidungen der einzelnen Bestandteile des Magma wechselt mit der Änderung des Mengenverhältnisses solcher Körper im Magma. Druck und Temperaturverhältnisse bedingen die Struktur der sich ausscheidenden Gesteine. Aus dem erkaltenden Magma kristallisieren Apatit, Spinell, Magneteisen, Eisenglanz, Olivin, Augit, Hornblende, Feldspate, Quarz und andere Mineralien. Dabei fördern „Kristallisatoren" oder „Mineralisatoren" die Kristallisation; unter ihnen seien hier genannt: Wasserdampf, Kohlendioxyd, Chloride, Fluoride, Molybdänsäure, Wolframsäure, Titansäure, Phosphate, Lithiumverbindungen. Ihre Wirkung beruht in der Herabsetzung des Schmelzpunktes der Mischung; dadurch kann also die neu zu erwartende Verbindung in ein Temperaturgebiet treten, in welchem sie existenzfähig wird (E. D i t t l e r). Führt die Abkühlung endlich zur Erstarrung ganzer Massen, dann entsteht ein körnig vollkristallinisches Gestein, bestehend aus den verschiedenartigen Kristallen und Kristallgruppen, die sich gegenseitig umwachsen, verschränken und begrenzen. Durch aus dem Erdinneren neu hervordringende Magmamasse werden dann Teile dieser Mineralien von neuem angeschmolzen; es treten chemische Reaktionen zwischen Magmamasse und Mineral stellenweise ein und das Produkt dieser chemischen Reaktion gehorcht alsdann nicht immer dem Gesetz der langsamen Kristallisation. Bei Mangel an Druck können Zerfallprodukte entstehen, so aus Augit Hornblende und Olivin, aus Kaliglimmer Leuzit, aus Granat Anorthit und Olivin.

Hier kann auch der reduzierenden (sauerstoffverzehrenden) Wirkung einiger der M e t a l l k a r b i d e gedacht werden. Als Karbide bezeichnet man die Verbindungen der Metalle oder der metallischen elementaren Körper mit Kohlenstoff, z. B. Kalziumkarbid CaC_2, Siliziumkarbid SiC u. a. Im feurig-flüssigen Zustande des Planeten Erde können fast alle chemischen Elemente als bereits vorhanden gedacht werden. Und man wird in einer gewissen Phase des erkaltenden Erdkörpers, auch in gewissen Phasen eines untergegangenen, organische Bildungen mit Lebensfunktion schon beherbergt habenden Weltkörperteils, die Karbidbildung in Analogie zum Befund von Karbiden in Meteoriten ohne weiteres annehmen müssen. Zu dieser Karbidbildung ist ein gewisser, für die einzelnen Karbide unterschiedlicher Temperaturabfall des im Abglühen begriffenen Erdkörpers nötig, weil viele dieser Karbide oberhalb ihrer Bildungstemperatur sich in ihre Komponenten, z. B. Metall und Kohlenstoff, von neuem trennen.

Die Karbide wirken mehr oder weniger stark reduzierend auf Metallverbindungen ein, aus ihnen Metall abscheidend. Gleichzeitig kommt es zur Bildung von Sauerstoffverbindungen des Karbidkohlenstoffs — nämlich gasförmigem Kohlenoxyd (CO) und gasförmigem Kohlendioxyd (CO_2) —, seltener zur Kohlenstoffausscheidung.

Es seien hier Formelbilder wiedergegeben, die den Ergebnissen analytischer und technischer Laboratoriumsversuche von H. Moissan, H. N. Warren, O. Froelich, Egly, B. Neumann, v. Kügelgen, Geelmuyden, M. Tarugi u. a. entsprechen:

$$5\,R_2O + CaC_2 = CaO + 10\,R + 2\,CO_2$$

(R_2O: Oxyd; CaC_2: Karbid des Kalziums; CaO: Kalziumoxyd)

$$2\,MCl + 4\,R_2O + CaC_2 = 2\,M + 8\,R + CaCl_2 + 2\,CO_2$$

(MCl: Chlorid)

oder:

$$2\,MCl + 2\,R_2O + CaC_2 = 2\,M + 4\,R + CaCl_2 + 2\,CO$$

beziehungsweise

$$MCl_2 + 2\,RO + CaC_2 = M + 2\,R + CaCl_2 + 2\,CO$$

$$MCl_2 + RCO_3 + CaC_2 = M + R + CaCl_2 + CO_2 + 2\,CO$$

(RCO_3: Karbonat)

$$MCl_2 + RSO_4 + CaC_2 = M + R + CaCl_2 + SO_2 + 2\,CO$$

(RSO_4: Sulfat)

oder:

$$MCl_2 + 2\,RSO_4 + 2\,CaO + CaC_2 = M + 2\,R + 2\,CaSO_4 + CaCl_2$$

(CaO: Oxyd)

$$2\,MCl + CaC_2 = 2\,M + CaCl_2 + 2\,C$$

$$FeS_2 + 2\,CaC_2 = Fe + 2\,CaS + 4\,C$$

(FeS_2: Schwefeleisen (Eisensulfid); CaS: Kalziumsulfid)

In den Formeln sind M und R Ausdrücke für Metalle, wie Silber, Gold, Platin, Quecksilber, Arsen, Kupfer, Blei, Kadmium, Zinn, Antimon, Nickel, Eisen, Wismut, Zink, Aluminium, Kobalt, Mangan, Chrom, Wolfram, Molybdän. Die in den Formeln angedeuteten Umwandlungen werden bereits bei verhältnismäßig niederen Hitzegraden eingeleitet; die Umwandlung geht dann unter Hitzeentwicklung vonstatten, so daß eine Wärmeübertragung von der einen zur anderen Stelle erfolgen kann. Daher sind solche Umsetzungen bei nachträglich eingetretener Anwärmung solcher Schichten des erkaltenden Planeten denkbar, in denen Druck und Temperatur die Beständigkeit der Oxyde, oder der Karbonate, der Chloride, der Sulfate zunächst bereits gesichert hatte. So könnten wohl metallische Reaktionsprodukte der Karbideinwirkung ebensogut Gesteinsmassen durchsetzen, wie für sich in Klumpen oder Schichten auftreten. Reduzierende Wirkungen, unter ihnen solche gegenüber Metallverbindungen, vollziehen sich statt in der mit Karbid beschriebenen Weise natürlich auch noch auf mancherlei anderen Wegen. Tritt dann später etwa Wasserdampf bzw. Wasser hinzu, so wirkt dieses Wasser auf die Metalle und Metallegierungen stellenweise oxydierend (sauerstoffübertragend) ein; säurehaltiges Wasser beschleunigt diese oxydierende Wirkung.

Es können die Karbide noch vielerlei andere Umwandlungen in dem erkaltenden Erdkörper bewirkt haben. Einzelne der Metallkarbide binden in trockenem Zustande bei besonderen Temperatur- und Druckverhältnissen Gase, wie z. B. den Stickstoff, zu chemischen Verbindungen, die ihrerseits dann bei Gelegenheit des Zusammentreffens mit Wasserdampf bzw. Wasser sich zu Ammoniak (NH_3) und anderen stickstoffführenden Körpern umsetzen. Ähnlich verhalten sich Reihen von anderen Verbindungen; unter ihnen nenne ich Kalziumsilizide, das sind Verbindungen von Kalzium mit Silizium, die bei hohen Temperaturen ebenfalls beträchtliche Mengen Stickstoff zu neuen chemischen Körpern binden und die dann ihrerseits im später möglichen Kontakt mit Wasser Umwandlungsprodukte bilden, unter denen hier insbesondere Ammoniak interessiert.

Metallkarbide wirken mehr oder weniger schnell auch schon auf Wasser ein. Es kommt dann zur Bildung von

Kohlenwasserstoffen [1]), die meist gasförmig entfliehen oder unter Druckverhältnissen sich polymerisieren, mancherorts auch Gelegenheit haben mit dem Sauerstoff der Atmosphäre zu Kohlendioxyd und Wasser zu verbrennen, oder die unter für uns einstweilen unbekannten Geschehnissen der Erde auch wohl mit Abkömmlingen von anderen Kohlenstoff-, Wasserstoff-Verbindungen, auch Kohlenstoff-, Wasserstoff- und Sauerstoff-Verbindungen nebst stickstofführenden Verbindungen zu neuen chemischen Körpern in Wirkung treten [2]), während das mit Kohlenstoff zu Karbid verbunden gewesene Metall oxydiert zurückbleibt.

Unter den heutigen Druck- und Temperaturverhältnissen bilden die Karbide der alkalischen Erden (z. B. des Kalziums und Bariums) und die der Alkalien (z. B. des Kaliums, Natriums, Lithiums) das gasförmige Azetylen (C_2H_2)

$$\underset{\text{Kalzium-karbid}}{CaC_2} + 2\,H_2O = \underset{\text{Azetylen}}{C_2H_2} + Ca(OH)_2$$

die Karbide des Aluminiums und des Berylliums das gasförmige Methan (CH_4)

$$\underset{\text{Aluminium-karbid}}{Al_4C_3} + 12\,H_2O = \underset{\text{Methan}}{3\,CH_4} + 4\,Al(OH)_3$$

das Karbid des Mangans: Methan und Wasserstoff

$$\underset{\text{Mangan-karbid}}{Mn_3C} + 6\,H_2O = \underset{\text{Methan}}{CH_4} + \underset{\text{Wasser-stoff}}{2\,H} + 3\,Mn(OH)_2$$

die Karbide des Cers, Yttriums, Lanthans: Azetylen, Methan und andere Kohlenwasserstoffe, das Karbid des Urans neben Wasserstoff, Methan, Azetylen und einigen anderen gasförmigen Kohlenwasserstoffen auch feste Kohlenwasserstoffe [3]).

[1]) Die Wasserstoffverbindungen des Kohlenstoffs werden Kohlenwasserstoffe genannt; ihre Zahl ist sehr groß.

[2]) Von dem Kohlenwasserstoff Azetylen (C_2H_2) leiten sich z. B. Monoazetylene ab, in denen einer der beiden Azetylenwasserstoffe ersetzt ist durch Alkyl (Kohlenwasserstoffrest = Radikal) und Dialkylazetylene, bei denen jedes der beiden Wasserstoffatome des Azetylens durch Alkyl (Kohlenwasserstoffrest = Radikal) ersetzt ist. Beide Klassen von Körpern sind abermals neuer Substitutionen und dadurch der Bildung noch komplizierter zusammengesetzter Körper zugänglich; sie sind, von Menschenhänden aus Azetylen dargestellt, neben anderen Körpern heute wertvolle Ausgangsmaterialien z. B. in der Industrie der künstlichen Riechstoffe, des künstlichen Kautschuks u. a. m.

[3]) Die Umwandlungen verlaufen nicht immer so glatt; zumeist ist das Karbid nicht ganz rein und dann treten Körper von verschiedener Zusammensetzung auf.

Solche Umwandlungen der Karbide, Silizide u. a. mit Metallverbindungen und Gasen wie Stickstoff, werden älteren Phasen der Erdentwicklung, Umwandlungen der Karbide, Silizide u. a. mit Wasser vornehmlich jüngeren Phasen der Erdumänderung angehören.

Mancherorts vollzieht sich eine Bildung von Schwefelwasserstoff. Wenn z. B. Schwefeleisen in heißen Erdschichten der Zersetzung in Schwefel und einfachere Schwefeleisenverbindungen anheimfällt:

$$\underset{\text{Zweifach Schwefeleisen}}{FeS_2} = \underset{\text{Einfach Schwefeleisen}}{FeS} + \underset{\text{Schwefel,}}{S}$$

so ist das zurückbleibende, porös gewordene Material für warmes Wasser aufnahmefähig und es zersetzt sich mit diesem unter Ausstoßung gasförmigen Schwefelwasserstoffs (Solfataren, Fumarolen) und Bildung von Eisenoxydul:

$$FeS + \underset{\text{Wasser}}{H_2O} = FeO + \underset{\text{Schwefelwasserstoff}}{H_2S}$$

Nach des Chemikers Bunsen Messungen gibt eine Ausströmung bei Krisuvic auf Island in je 24 Stunden 223 kg Schwefelwasserstoff ab, entsprechend 200 kg Schwefel.

Teilweise zersetzt sich dabei der gasförmige Schwefelwasserstoff mit atmosphärischem Sauerstoff zu Wasser und sich ausscheidendem, fein verteiltem, doch festem Schwefel:

$$H_2S + O = H_2O + S$$

und ist viel Luft zugegen, so kann Schwefeldioxyd entstehen; dann tritt das Schwefeldioxyd mit einem Überschuß von Schwefelwasserstoff unter Abscheidung von Schwefel in Umsetzung:

$$H_2S + 3O = H_2O + \underset{\text{Schwefeldioxyd}}{SO_2}$$

$$SO_2 + 2H_2S = 2H_2O + 3S$$

Das kann schließlich zur Entstehung von Schwefellagern führen.

Hier und da entstehen auch Mineralienformen, die dem Auge des später auftretenden Menschengeschlechtes besonders wohlgefällig erscheinen. Da sind z. B. die Achate zu nennen, ausfüllend ein vulkanisches Gestein, z. B. Melaphyr. Man kann wohl annehmen, daß ehedem Gase diese Hohlräume der vulkanischen Gesteine ausgefüllt, vielleicht auch gebildet haben. Dann trat in viel späterer Zeit der Hauptbestandteil der Achate, die Kieselsäure gallertartig ein[1]) und langsam drang hierauf in diese Kieselsäuregallerte ein Gesteinskörper, z. B. eine rote Eisenverbindung. So entstand ein „Schlieren“, ein regelmäßiger Wechsel von Stellen, die den roten Niederschlag enthalten und solchen, die ganz frei davon sind (E. Liesegang). —

Die Geologen und Biologen lehren uns, daß wir gewisse Zeitalter in der Entwicklung der Erde annehmen dürfen, für die weder Jahrtausende noch Jahrmillionen als Zeitberechnung gelten können — für die wir unberechenbar lange Zeiten annehmen müssen und Zeitalter, die nicht etwa scharf getrennte Abteilungen darstellen, sondern für die jeweilig Übergangsstadien ganz sicherlich bestehen.

Ich will hier schnell in Tabellenbildern einiges über diese Zeitalter mitteilen.

I.

Formation oder System[2]).	Elba	Ekuador	Kreta	Preßburg	Savoyen	Steiermark	Ardennen	Bergen	Frankenwald	Böhmen	Kolorado
Alluvium (jüngste Formation)	+	+	+	+	+	+	+	+	+	+	+
Diluvium	+	+	+	+	+	+	+	+	+	+	+
Tertiär	+ —	+ +	+ +	+ +	+ +	+ +	+ +	+ +	+ +	+ +	+ +
Kreide	— —	+ +	+ +	+ +	+ +	+ +	+ +	+ +	+ +	+ +	+ +
Jura	— —	— —	+ —	+ —	+ +	+ +	+ +	+ +	+ +	+ +	+ +
Trias	— —	— —	— —	— —	+ +	+ +	+ +	+ +	+ +	+ +	+ +
Perm	— —	— —	— —	— —	— —	+ +	+ +	+ +	+ +	+ +	+ +
Karbon	— —	— —	— —	— —	— —	+ —	+ +	+ +	+ +	+ +	+ +

+ bedeutet: fossilführende Schichten; als solche enthalten sie versteinerte Reste von Tieren und Pflanzen oder auch Abdrücke derselben allein.

— bedeutet: kristallinische (metamorphe) Schiefer

[1]) Gallertige Kieselsäure fand z. B. G. Spezia in einem Spalt beim Bau des Simplontunnels.

[2]) Die Tabelle ist entnommen: J. Walther, Geschichte der Erde und des Lebens, S. 176.

Formation oder System[1]).	Elba	Ekuador	Kreta	Preßburg	Savoyen	Steiermark	Ardennen	Bergen	Frankenwald	Böhmen	Kolorado
Devon	—	—	—	—	—	—	—	+	+	+	+
	—	—	—	—	—	—	—	—	+	+	+
Silur	—	—	—	—	—	—	—	—	+	+	+
	—	—	—	—	—	—	—	—	+	+	+
Kambrium	—	—	—	—	—	—	—	—	—	+	+
	—	—	—	—	—	—	—	—	—	+	+
Algonkium	—	—	—	—	—	—	—	—	—	—	+
(älteste Formation)	—	—	—	—	—	—	—	—	—	—	+

\+ bedeutet: fossilführende Schichten; als solche enthalten sie versteinerte Reste von Tieren und Pflanzen oder auch Abdrücke derselben allein.
— bedeutet: kristallinische (metamorphe) Schiefer.

II.

	Formationstabelle[2]):		Daten aus der Geschichte der Pflanzenwelt.
Neuzeit	12) Gegenwart: Alluvium (alluvial) recent		Epoche der Angiospermen (bedecktsamigen Pflanzen)
	11) Diluvium (diluvial, eiszeitlich)		
	10) Tertiär:	d) Pliozän c) Miozän (Braunkohlen) b) Oligozän (Braunkohlen) a) Eozän	
Mittelzeit	9) Kreide:	e) Senon (Schreibkreide) d) Turon (viele Quadersandsteine) c) Cenoman (Grünsand) b) Gault a) Neokom (Wälderkohlen)	
	8) Jura:	c) Malm (weißer Jura) b) Dogger (brauner Jura) a) Lias (schwarzer Jura)	Epoche der Gymnospermen (nacktsamigen Pfl.) Ginkgoaceen, Cycadeen, Koniferen,
	7) Trias:	c) Keuper (unterer = Lettenkohle) b) Muschelkalk a) Buntsandstein (oberer = Röt)	
Altzeit	6) Perm:	b) Zechstein a) Rotliegendes	Epoche der Pteridophyten Farne, Schachtelhalme, Bärlappgewächse,
	5) Karbon:	b) oberes (Kohlenlager, viele Granite) a) unteres (Dachschiefer, Culm)	
	4) Devon		
	3) Silur		
Urzeit	2) Kambrium		Vermutliche Epoche der Algen, d. h. der Tange usw.
	1) Algonkium		
	Kristallinische Schiefer		

[1]) Die Tabelle ist entnommen: J. Walther, Geschichte der Erde und des Lebens, S. 176.

[2]) Die linke Hälfte der Tabelle ist entnommen: J. Walther, Vorschule der Geologie S. 175.

III.
Die Entwicklung der Tierwelt[1])

Weltalter (Ära)	Formation oder System	Abteilung	Wichtige Daten aus der Geschichte der Tierwelt
Archäisch	Urgneis Urschiefer		Keine Spuren organischen Lebens.
Paläozoisch	Kambrium	Unteres	Die ältesten bekannten Tierreste, aus den Kreisen der Pflanzentiere (Schwämme, Korallen, Quallen), Stachelhäuter (Seelilien), Würmer (Ringelwürmer), Molluskoideen (Armfüßer), Weichtiere (Muscheln, Schnecken, Kopffüßer aus der Gruppe der Nautileen), Gliedertiere (Krebse aus den Ordnungen der Trilobiten und Ostrakoden).
		Mittleres	
		Oberes	Älteste bekannte Urtiere (Protozoen).
	Silur	Unteres	Die ersten Wirbeltiere: Fische (Knorpelfische, Panzerfische, Schmelzschupper, Lurchfische). Reiche Entwicklung der Seelilien, Armfüßer, Nautileen und Trilobiten.
		Oberes	Die ältesten Skorpione.
	Devon	Unteres	
		Mittleres	
		Oberes	Die letzten Panzerfische.
	Karbon	Unteres	
		Oberes	Die ersten Amphibien (Stegozephalen); Insekten aus den Ordnungen der Geradflügler und Netzflügler, die ersten Spinnen.
	Perm	Unteres (Rotliegendes)	Die ältesten Reptilien.
		Oberes (Zechstein)	Die letzten Trilobiten.
Mesozoisch	Trias	Untere (Buntsandstein)	Erstes Auftreten der Knochenfische, der Dinosaurier und der Fischechsen.
		Mittlere (Muschelkalk)	
		Obere (Keuper)	Die ersten Säugetiere (Beuteltiere); die ältesten Krokodile und Schildkröten; die ersten Käfer. — Die letzten Stegozephalen.
	Jura	Unterer (Lias)	Erstes Auftreten der Flugechsen, der Blattflügler, der Tintenfische.
		Mittlerer (Dogger)	
		Oberer (Malm)	Die ältesten Vögel, Eidechsen und Frösche.
	Kreide	Untere (Wealden, Neokom, Gault)	Die ersten Schwanzlurche.
		Obere (Cenoman, Turon, Senon)	Die ältesten Schlangen. Die letzten Dinosaurier, Fischechsen, Flugechsen und Ammoniten.

[1]) Diese tabellarische Zusammenstellung ist mit kleinen Änderungen entnommen: H. Kraemer, Weltall und Menschheit, Bd. II. S. 421 (nach L. Beushausen).

Weltalter (Ära)	Formation oder System	Abteilung	Wichtige Daten aus der Geschichte der Tierwelt
Känozoisch	Tertiär	Alttertiär: Eocän, Oligocän	Erstes Auftreten der höher organisierten Säugetiere (Insektenfresser, Fledermäuse, Fleischfresser, Waltiere, Zahnarme, Nagetiere, Huftiere, Seekühe, Halbaffen). Die ersten Schmetterlinge. Die ältesten echten Affen.
		Jungtertiär: Miocän, Pliocän	
	Quartär	Diluvium (Pleistocän)	Noch zahlreiche, seitdem erloschene Säugetiere (Mammut, wollhaariges Nashorn, Riesenhirsch, Höhlenbär u. a. m.). Erstes Erscheinen des Menschen in Europa.
		Alluvium (Jetztzeit)	

Einzelheiten.

Geologie und Mineralogie haben zur Erklärung der Erstarrungsvorgänge in der Erdrinde die Chemie wiederholt zu Rate gezogen. Man wollte aus der Bildungsweise der Mineralien im chemischen Laboratorium Schlüsse ziehen zur Prüfung von Hypothesen über die Entstehung der Mineralien im Erdinneren. Es hat sich aber gezeigt, daß das chemische Experiment im kleinen Laboratorium nur selten zu Erscheinungen führt, die den Geschehnissen der Erde analog gedeutet werden konnten. Das wird daher kommen, weil die Druck- und Temperaturverhältnisse auf dem Planeten Erde andersartige waren und stellenweise noch andersartige sind als die, welche von uns Menschen im Laboratorium heute erzeugt werden können. Hier ein Beispiel, das die Wirkungen von Temperatur und Druck zeigt: Kieselsäure ist unter den Druck- und Temperaturverhältnissen der heutigen Erdoberfläche eine Säure, die mit Kalk und anderen Metalloxyden in Wasser entweder unlösliche oder mehr oder weniger lösliche Verbindungen eingeht. Wasser ist unter den heutigen Verhältnissen eine Flüssigkeit mit scheinbar neutralen Eigenschaften. Ganz anders wenn man Druck- und Temperaturverhältnisse annimmt, die bei der Erstarrung und Erstarkung der Erdrinde herrschten. Bei hohen Temperaturen, z. B. über 300°, wirkt Wasser auf die kieselsauren Verbindungen zerlegend, fast wie eine Säure, ein. Daher konnte aus kieselsauren Verbindungen des Magma durch Wasser — dessen kritische Temperatur gegen 370° liegt (Temperatur, bei der es sich unter anormalen Druckverhältnissen zu verflüssigen vermag, während Wasser unter den heutigen normalen Druckverhältnissen bei 100° siedet) — die Kieselsäure als Quarz (Siliziumdioxyd; Kieselsäureanhydrid) ausgeschieden werden; das Silikat wurde mithin in Metalloxyd und Kieselsäure zerlegt. Die Metalloxyde als solche unterlagen alsdann — früh oder später — teilweise dem Einflusse der Verwitterung durch Kohlendioxyd unter Bildung von Karbonaten; selbstredend unterlagen sie teilweise auch dem Einflusse anderer der Atmosphäre durch vulkanische Ausbrüche beigegebenen sauren Gase und Dämpfe (wie Schwefelsäure, Salzsäure u. a. m.).

Wirkungen des Wassers.

Das Wasser hat insbesondere unter hohen Temperatur- und Druckverhältnissen mannigfache Veränderungen auf und in dem Erdball verursacht. Unterscheiden wir einmal zunächst theoretisch zwischen den auf der Erdoberfläche abgeschiedenen und hier zirkulierenden Gewässern, den vadosen, und den im Erdinneren durch Zusammentreten von Wasserstoff und Sauerstoff gebildeten, in den Erdschichten zirkulierenden Gewässern, den juvenilen. Letztere Gewässer haben demnach die Sonnenstrahlen nie gesehen.

Die Kohlensäure unserer sogenannten „Kohlensäure-Sprudel“ entstammt den Tiefengesteinen der Erde. Unter dem hohen Druck wird sie zusammengepreßt und im Wasser der Quellschichten angereichert. In je tieferen Erdschichten der Vorgang stattfindet, desto wärmer wird der Sprudel. Aus angebohrten Lagen der Erdoberfläche schießt der Sprudel heraus, der als Folge des großen Kohlensäure-Überschusses meist Kalk, Magnesia und Eisenoxydul in Form der Bikarbonate gelöst enthält; an der Erdoberfläche angekommen, setzt er die Bikarbonate teilweise als wasserunlösliche Körper ab, weil sich diese genannten Bikarbonate bei dem verminderten Druck unter Kohlensäureabgabe zum Teil zerlegen. Daher das Niederfallen von Abscheidungen in solchen Sprudeln, z. B. als braune Körper, bestehend aus Eisenoxyd u. a. m., oder als weiße Körper, bestehend aus Kalkkarbonat u. a. m.

Es ist nun wohl anzunehmen, daß auch gewisse Minerallagerstätten durch Ablagerung aus Wasser entstanden sind. So sind die Feldspate, welche auf Kalkspat aufsitzen, als Erzeugnisse wässeriger Lösungen zu deuten, während die Feldspate im Basalt, in Lava ohne Zweifel durch Erstarrung (Kristallisation) von Magma entstanden. Auch gewisse Erzlagerstätten sowie die Schichten der Sedimentgesteine setzten sich aus wässerigen Lösungen ab. Die Seifenlager, das sind Anschwemmungen von Geröll, Sand, Lehm oder Schutt, welche Metall- oder Erzkörner enthalten, die aus Lagern, Gängen, Stöcken oder Imprägnationen ausgewaschen und dann wieder abgelagert worden sind, enthalten häufig Platin, Gold und Zinnerze. Es sind das Erze, die der mechanischen Zerstörung und der chemischen Zersetzung am meisten widerstehen und die zugleich ein hohes spezifisches Gewicht haben; dadurch wurden sie bei der Wiederablagerung durch Anschwemmung an bestimmten Stellen abgesetzt, während die meisten anderen Erze bei der Abschwemmung durch Wasser entweder sich auflösten oder in sehr kleine, leichte Teile zertrümmert wurden, die sich nicht so konzentrierten.

Wirkungen des Wassers rein mechanischer Art sind mannigfach. Granit oder Basaltgestein, Jahrzehnte und Jahrhunderte hindurch der Regenfeuchtigkeit und den Sonnenstrahlen ausgesetzt, wird zerklüftet werden, weil Wasser in die Fugen des Steines eindringt, im Winter gefriert, dann durch Auftauen sich ausdehnt und durch diese Ausdehnung das Gestein allmählich zersprengt und immer mehr zerkleinert. Oft besteht ein solches Gestein aus einem Gemenge in Wasser leicht und schwer löslicher Mineralien. Dann werden jene durch Wasser rascher gelöst und diese bilden ein Gerüst, zwischen dem kleine und große Hohlräume übrig bleiben. Aber dadurch wird die Festigkeit des ganzen Gesteines sehr wesentlich vermindert und es unterliegt leicht der Zertrümmerung durch mechanische Vorgänge.

Lagert sich über Eruptivgestein, Basalt und Melaphyr etwa nasser Torf, Braunkohle, Steinkohle, so können chemische Umwandlungen in dem Sinne eintreten, daß aus dem Gestein Eisenverbindungen, Phosphate, Erdalkalien und Alkalien mehr oder weniger herausgelöst werden, während Kieselsäure und wasserunlösliche kieselsaure Verbindungen zurückbleiben. Langsam tritt eine Art von Kaolinbildung (Tonbildung) ein (S t r e m m e, K. E n d e l l).

Noch deutlicher wird der Vorgang der Kaolin- bzw. Tonbildung in der folgenden Skizzierung: Kali- oder Natron-Feldspate wie Orthoklas, Albit, ferner Leuzit werden von Wasser oder Wasserdampf umspült. In die Spalten des Gesteins tritt Wasser ein; die Winterkälte sprengt den Stein. Dann laugt Wasser die löslichen Bestandteile langsam aus. So wird das wasserlösliche Material, wie Alkalisilikat und Alkalikarbonat langsam weggeführt und wasserunlösliches Aluminiumsilikat neben Kieselsäure bleibt als Tonsubstanz (Kaolin, Halloysit, Severit, Dillnit, Cimolit u. a.) zurück; z. B.:

Orthoklas — Muskowit — Ton

$$\text{bzw. } Al_2O_3 . x SiO_2 . Alk_2O + x H_2O = \underbrace{x . SiO_2 . Al_2O_3 . x H_2O}_{\text{Ton}} + \underbrace{x SiO_2 . Alk_2O . x H_2O}_{\text{wasserlöslich}}$$

Da es Mineralien gibt, die neben Aluminiumoxyd und Kieselsäure in sehr wechselnden Mengen Oxyde von Kalzium, Eisen, Kupfer, Mangan, Zink, oder Oxyde anderer Metalle enthalten, so entstehen bei ihrer Zersetzung dementsprechend mehr oder weniger mit Kalk, Eisenverbindungen u. a. m. vermengte Tone. Kaolin ist der reinste Ton; er findet sich auf primärer Tonstätte, oder er ist von ihr durch Wasserströme auf eine sekundäre Lagerstätte hineingeschwemmt worden.

Das Wasser kann bei besonderen Temperatur- und Druckverhältnissen auch chemisch gebunden werden. So entstehen: Zeolith aus Feldspaten, Chlorit (magnesia- und eisenhaltige Tonerdesilikate) aus Augit und Hornblende, Serpentin aus Olivin, Gips aus Anhydrit, Eisenoxydhydrat aus Eisenoxyd u. a. m.

Bei der Bildung von Salzen und ähnlichen Verbindungen durch Umsetzung wassergelöster Körper spielt einerseits die Stärke der Säuren und Basen, andererseits die Löslichkeit des einen und der Grad der Unlöslichkeit des anderen Körpers eine wesentliche Rolle, daneben die Massenwirkung des einen Körpers gegenüber dem anderen Körper und endlich das herrschende Temperatur- und Druckverhältnis[1]. Im allgemeinen darf gesagt wer-

[1]) Ich verweise auf die Lehrbücher der Physik und der physikalischen Chemie.

den: Kann beim Zusammentreffen zweier in Wasser gelöster Salze durch Umsetzung ein in Wasser unlöslicher Körper entstehen, so pflegt dieser unlösliche Körper auch zu entstehen, wenn nicht die Massenwirkung eines entgegengesetzt wirkenden Körpers oder Temperatur und Druck eine Entstehung des unlöslichen Körpers behindern[1]). Das kommt daher, weil der sogenannte unlösliche Körper als Bodenkörper zwar praktisch unlöslich und daher unwirksam gedacht ist, in Wirklichkeit aber — also theoretisch wie praktisch — nie ganz unlöslich wird. Dem Grade der Schwerlöslichkeit — der auch durch die jeweilige physikalische Struktur des Körpers bedingt wird — entspricht demnach das aktive oder passive Verhalten dieses Körpers in der Berührung mit anderen Körpern.

Wenn z. B. alkaliführende, reaktionsfähige Gesteinskörper der Zeolithgruppe, Körper, welche also die schwache Kieselsäure in chemischer Bindung führen, wie Natrolith und Desmin, mit wässerigen Flüssigkeiten, enthaltend Kalziumbikarbonat oder Magnesiumbikarbonat oder Kalziumsulfat bzw. Magnesiumsulfat, in Berührung kommen, so tritt schon bei normalen Temperatur- und Druckverhältnissen je nach dem physikalischen (aktiven) Zustande des Zeoliths mehr oder weniger schnell ein Austausch der Alkalien gegen Kalk oder Magnesia ein; z. B.:

$$\underbrace{Na_2O \cdot Al_2O_3 \cdot x\,SiO_2 \cdot y\,H_2O}_{\text{Natriumzeolith}} + \underbrace{CaH_2(CO_3)_2}_{\text{Kalziumbikarbonat, in kohlensäurehaltigem Wasser gelöst}} =$$

$$= \underbrace{CaO \cdot Al_2O_3 \cdot x\,SiO_2 \cdot y\,H_2O}_{\text{neuer sogen. unlöslicher Körper}} + \underbrace{2\,NaHCO_3}_{\text{Natriumbikarbonat, in Wasser leicht löslich und daher durch Wasser wegschwemmbar.}}$$

Oder:

$$\underbrace{Na_2O \cdot Al_2O_3 \cdot x\,SiO_2 \cdot y\,H_2O}_{\text{Natriumzeolith}} + \underbrace{CaSO_4}_{\text{Kalziumsulfat, in Wasser gelöst}} =$$

$$= \underbrace{CaO \cdot Al_2O_3 \cdot x\,SiO_2 \cdot y\,H_2O}_{\text{neuer sogen. unlöslicher Körper}} + \underbrace{Na_2SO_4}_{\text{Natriumsulfat, in Wasser leicht löslich und daher durch Wasser wegschwemmbar.}}$$

[1]) Ich verweise auf die Lehrbücher der Physik und der physikalischen Chemie.

Analog die Bildung von $MgO . Al_2O_3 . x SiO_2 . y H_2O$ als neuer sogenannter unlöslicher Körper bei der Einwirkung von in kohlensäurehaltigem Wasser gelöstem Magnesiumbikarbonat [1]) oder in Wasser gelöstem Magnesiumsulfat auf Natriumzeolith.

Das nunmehr z. B. kalk- bzw. magnesiaführende Silikat wandelt sich jedoch unter Massenwirkung von in Wasser gelöstem Alkalichlorid wieder um zur Alkalidoppelverbindung oder auch durch Ammoniumchlorid zu der entsprechenden Ammoniumverbindung. Z. B.:

$$\underbrace{CaO . Al_2O_3 . x SiO_2 . y H_2O} + \underset{\text{Natriumchlorid (Kochsalz), in Wasser gelöst}}{2 NaCl} =$$

$$= \underbrace{Na_2O . Al_2O_3 . x SiO_2 . y H_2O} + \underset{\text{Kalziumchlorid, in Wasser leicht löslich.}}{CaCl_2}$$

Kesselspeisewässer der Fabriken — auch Trinkwässer — werden heute mancherorts analoger Weise, nämlich im Sinne der ersten der beiden Reaktionen, von Kalk und Magnesia teilweise befreit (enthärtet).

Es ist in den wasserhaltigen Silikaten der Zeolithgruppe auch der Ersatz des Wassers durch Chloride, Sulfate oder Sulfide möglich; solcher Art können Umwandlungen erfolgen zu Vertretern der Sodalithgruppe, wie zum farblosen Sodalith $3 Na_2O . 3 Al_2O_3 . 6 SiO_2 . 2 NaCl$, oder zu dem meist braunen Nosean $3 Na_2O . 3 Al_2O_3 . 6 SiO_2 . Na_2SO_4$ oder zu dem meist blauen Hauyn (kalkhaltig), auch zu dem sulfidführenden und oft mit Sulfid durchsetzten Lasurstein (Lapislazuli). Das sind Mineralien, die zum Teil in Eruptivgesteinen vorkommen. Zum Beispiel verändert sich Natriumzeolith der Zusammensetzung $Na_2O . Al_2O_3 . 2 SiO_2 . 2 H_2O$ nach den Ergebnissen technischer Laboratoriumsversuche von Singer beim Kochen mit Natriumsulfidlösung (Na_2S) in einen blaugrünen Körper; durch Schmelzen mit Natriumsulfid entsteht ein mehr grün gefärbter Körper, durch Kochen mit Natriumpolysulfid (Na_2S_{1+x}) eine leuchtend hellgrünblaue Verbindung. Diese Verbindungen nähern sich der Zusammensetzung $3 Na_2O . 3 Al_2O_3 . 6 SiO_2 . Na_2S$. Und diese Verbindungen sind, ähnlich den Zeolithen, Um-

[1]) Magnesiumbikarbonat und auch Kalziumbikarbonat ist in Wasser nur bei Gegenwart freier Kohlensäure beständig. Fehlt die freie Kohlensäure, so beginnt bei normalen Druck- und Temperaturverhältnissen eine Zersetzung zu wasserunlöslichem Kalziumkarbonat bzw. Magnesiumkarbonat und Kohlendioxyd (CO_2) bzw. Kohlensäure ($CO_2 + H_2O = H_2CO_3$).

wandlungen unter Austausch des Alkali fähig, wenn sie bei höheren Temperaturen mit Salzlösungen in Berührung kommen (substituierte Ultramarine nach den Ergebnissen technischer Laboratoriumsversuche von B. Unger, J. Philipp, K. Heumann, L. Wunder u. a.)[1])

Zu solchen Umwandlungsprodukten können jedoch auch Schmelzflüsse führen. Denn auch im Schmelzfluß verschiedener Salze und ähnlicher Verbindungen entstehen durch Umsetzungen Neugruppierungen, deren Entstehungsgeschwindigkeit vor allem abhängt von der Stärke der Säuren und Basen und der Massenwirkung der Einzelkörper, außerdem bedingt ist durch den Schmelzpunkt der einzelnen Verbindungen und darum beeinflußt wird von dem Temperatur- und Druckverhältnis[2]). Beispiele ergeben sich bei Betrachtungen vulkanischer Vorgänge wie der Vorgänge im feurig-flüssigen Zustande überhaupt. Das führt aber auch dazu, den Einfluß von chemischen Katalysatoren[2]) hier hervorzuheben, das sind Körper, die gewissermaßen als Überträger wirken, indem sie in einer reaktionsbegünstigten physikalischen Form den Reaktionskörper, zum Beispiel Sauerstoff, binden und ihn dann, in mehr aktiver Form, an den ebenfalls — doch minder schnell — reaktionsfähigen dritten Körper, z. B. Schwefeldioxyd (SO_2), abgeben. Chemische Kontaktkörperwirkungen treten in allen Aggregatzuständen der sich umsetzenden Körper auf, also im Schmelzfluß, in flüssiger Lösung (z. B. in wässeriger Lösung) und im gasförmigen Diffusionsgemisch.

Wasser löst vielerlei Salze; darum sind im ehemaligen Weltenmeere Salze in überaus reichen Mengen gelöst gewesen. Naturgemäß mußten sich in diesem Weltenmeere Bestandteile aller oberen Erdschichten verteilen. Schnürten sich dann Teile dieses Weltenmeeres ab, so begann ein Absetzen wasserunlöslicher Bestandteile; schon setzt auch eine Verdunstung des Wassers ein und in dem Maße, als diese sich vollzog, erfolgte stufenweise eine Ausscheidung des Salzes, abhängig a) von dem Löslichkeitsgrad dieser Salze in reinem Wasser und b) abhängig von der Beeinflussung dieser Löslichkeit durch die Gegenwart anderer Salze. Auch

[1]) Vornehmlich wirken die Salze ein- und zweiwertiger Metalle wie bei den Zeolithen substituierend ein, während durch Salze der dreiwertigen Metalle molekulare Zerlegungen einzutreten pflegen.

[2]) Ich verweise auf die Lehrbücher der Physik und der physikalischen Chemie.

Temperaturunterschiede — Sommer und Winter — spielen dabei eine Rolle. So sehen wir, um nur ein Beispiel hier anzudeuten, im Staßfurter Gebiet mächtige nacheinander vollzogene Ablagerungen der verschiedenen Salze, entstanden durch langsame Verdunstung ehemaliger salzreicher Meeresbecken, bzw. Wasserbecken, die periodenweise vom Meere Zufluß erhielten. Zwischen den Salzschichten auftretende Anhydritschnüre lassen als Jahresringe mit einiger Sicherheit schließen, daß die 900 m mächtige Salzablagerung in 10000 Jahren gebildet worden ist.

Das für den Menschen wichtigste Salz, das Natriumchlorid (= Steinsalz, Kochsalz oder Siedesalz), wird heute in Staßfurt, aber auch an vielen anderen Stellen seines Vorkommens, durch Bergbau als Steinsalz zutage gefördert. Wir treffen es in den verschiedensten Teilen der Schichtengebilde der Erde an. Die zu dieser Salzbildung führenden Vorgänge waren daher nicht an eine bestimmte Zeit gebunden, sondern es kam in mehreren Zeitaltern der Erdgeschichte zur Ablagerung von Steinsalz.

Wir finden im Ober-Silur: das Salz von Pennsylvanien, Ohio, West-Virginien, New York, Michigan; im Devon: das Salz der Quellen in Nowgorod und Lithauen, Altensalza im Voigtland u. a. m.; im Karbon: das Salz von Durham, Bristol; im Dyas: das Salz von Staßfurt-Egeln, Sperenberg (südlich von Berlin), Thüringen, Halle a. d. S., Ussolje an der Kama im Permschen Gouvernement. Paläozoisch ist auch: das Salz Indiens in der Salt Range in Pendschab. Dem Buntsandstein gehört an: das Salz von Hannover, Braunschweig; der alpinen Trias kommt zu: das Salz im Salzkammergut (Aussee, Ischl, Hallstatt), Berchtesgaden, Hallein, Hall in Tirol; dem Muschelkalk gehört: das Salz von Württemberg; dem Keuper das Salz von Dieuze und Salins (Frankreich), Lancaster, Cheshire, Worcestershire (England). Jura und Kreide sind salzarm; Lias: Bex; Kreide: Algerien. Im Tertiär ist gefunden: das Salz von Cardona (Catalonien), Sizilien, Kleinasien, Armenien (Eocän), von Mülhausen i. Els. (Oligozän), die nordkarpathische Salzregion (Wieliczka, Bochnia, Kalusz u. a. m., Ungarn (Marmaros), Siebenbürgen, Walachei (Miocän).

Es gibt auch Orte, an denen das Kochsalz in konzentrierter wässeriger Lösung als „Solquelle“ zutage tritt

(Halle, Kissingen, Nauheim, Schönebeck, Friedrichshall, Cannstatt, Mergentheim u. a.); auch das Meerwasser enthält neben anderen Salzen Kochsalz gelöst. Es wird dann das Salz der Meere durch freiwillige Verdunstung des Wassers, dagegen das Salz der Solen als „Siedesalz" gewonnen; im ersteren Falle wirkt die Sonnenstrahlenwärme, im letzteren Falle künstlich erzeugte Wärme. Menschlicher Geist hat an der Hand mühevoller und dabei zeitraubender Studien herausgeklügelt, wie die Natur durch eine Folge von Ereignissen gezwungen wurde, die im Wasser gelösten verschiedenen Salze auf der Erde oder in Tiefen schichtenweise zur festen Abscheidung zu bringen und wie hierbei chemische Umwandlungen sich vollziehen. Verfolgen wir einmal nach den Vorstellungen von K. Ochsenius[1]) einige der Vorgänge im besonderen:

Vom offenen Ozean ist ein Meerbusen entsprechender Tiefe abgeschnürt; ein Einlauf von Ozeanwasser besteht nur insoweit, als dies bei dem trockenen, regenlosen Klima der lebhaften Verdunstung in etwa entsprechen kann. Unausgesetzt verdampft Wasser an der ruhigen Oberfläche. Das dadurch salzreicher und dichter werdende erwärmte Wasser sinkt unter und teilt seine höhere Temperatur allmählich dem ganzen Becken mit. Bald besteht kein Lebewesen mehr. Eine Auswanderung der Lebewelt in den offenen Ozean hat sich vollzogen. Am Strande vielleicht gedeihen noch Pflanzen. Der Absatz von Eisenoxyd (Fe_2O_3) und Kalziumkarbonat ($CaCO_3$) leitet die Absättigung ein. Es folgt nun das Ausfallen von Gips ($CaSO_4$, 2 H_2O) bis zur Erreichung eines Konzentrationsgrades, woselbst Steinsalz (NaCl) zur Abscheidung kommt. Daneben setzt sich immer noch Gips ($CaSO_4$, 2 H_2O; $CaSO_4$, H_2O) ab, außerdem der etwa vorhandene Tonschlamm und dann auch, freilich in weit geringeren Mengen, Magnesiumsulfat, Magnesiumchlorid, wohl auch Kaliumbromid und Natriumbromid. Über dem so gebildeten Salzkörper stehen die Mutterlaugensalze in Lösung. Sie erreichen die Höhe der Zugangsöffnung in der Barre und beginnen auszufließen. Der Einlauf vermindert sich. Das Becken ist ein Bittersee; alle Vegetation am Lande ist vernichtet. Infolgedessen bedingen die vom Lande

[1]) Die Bildung der Steinsalzlager und ihrer Mutterlaugensalze, unter spezieller Berücksichtigung der Flöze von Douglashall in der Egelnschen Mulde, Halle 1871; nach F. Toula: das Salzgebirge und das Meer, Wien 1891.

hereingebrachten Staubmassen eine Vermehrung der Salztonablagerung über dem Salz. Darüber liegen die gelösten Mutterlaugensalze: Kaliumbromid, Natriumbromid, Natriumchlorid, Magnesiumsulfat, Borate und Silikate, Kalziumchlorid, Magnesiumchlorid, Kalziumbromid, Magnesiumjodid u. a. Die Verdunstungsfähigkeit nimmt ab, da viele der

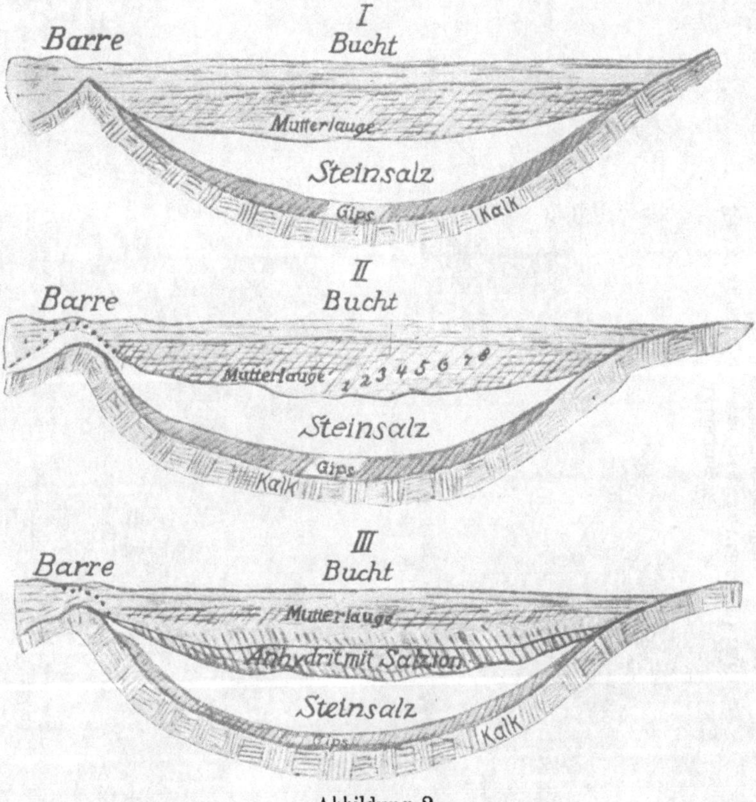

Abbildung 2.
Ausscheidungen aus dem Weltenmeer im Sinne der Barrentheorie von K. Ochsenius.

wasseranziehenden Magnesiumsalze (Chlorid u. a.) vorhanden sind. Der Meerwasserzufluß vermindert sich daher; immerhin wirkt er, da ja mit ihm Salze von neuem zugeführt werden. Unlöslich werdendes muß durch die Mutterlaugen hindurch; Gips ($CaSO_4$, 2 H_2O), als am schwersten löslich, sinkt in die Tiefe, wird aber während des Fallens durch die konzentrierten Salzlösungen wasserfrei gemacht und dadurch in

Anhydrit, $CaSO_4$, umgewandelt; es lagert sich als sogenannter A n h y d r i t h u t ab.

Endlich werden auch die Mutterlaugensalze zur Ausscheidung kommen — früher oder später; früher, wenn

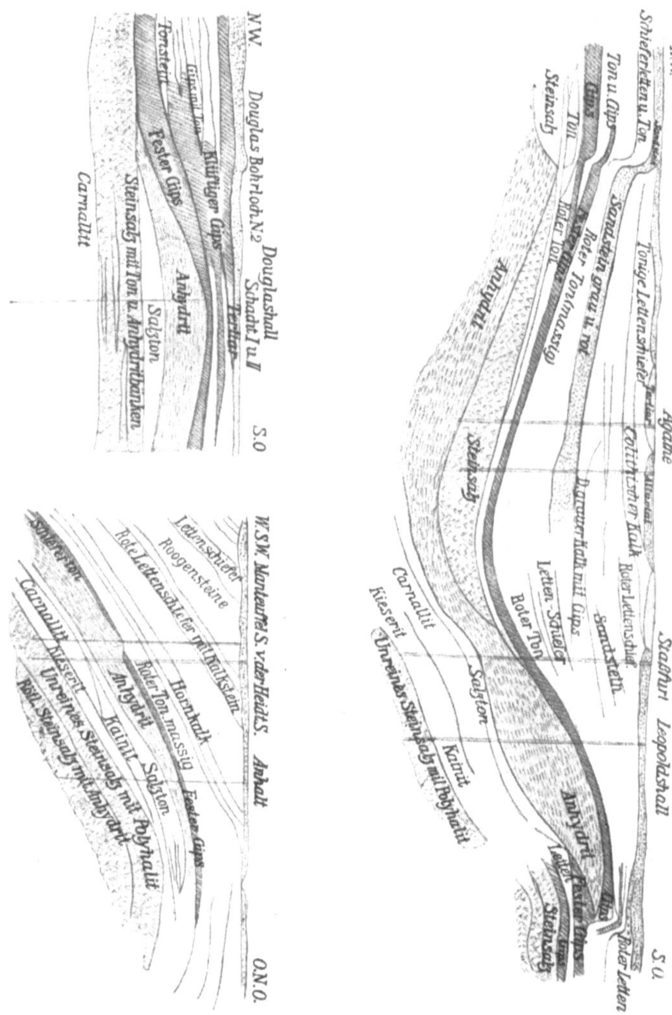

Abbildung 3.
S a l z l a g e r a u s d e m S t a ß f u r t e r G e b i e t.
Nach Vorlagen gezeichnet.

das Becken vom Ozean abgeschnitten wird (bei Staßfurt, bei Kalusz). Es finden sich in dem Steinsalz und in einigen anderen Salzen gelegentlich auch Einschlüsse von Gasen (Staßfurt) oder Einschlüsse von festen Partikeln, z. B. Trümmer von Birken- und Kiefernholz (Wieliczka).

Die geschilderten Verhältnisse sind nicht überall ganz gleichartige; sie wechseln nach dem Salzgemenge, das in den zur Verdampfung bzw. Verdunstung kommenden ozeanischen Gewässern gelöst ist. Auch jede katastrophale Erscheinung, schon Sturm, kann die Intensität von späterem Zu- und Abfluß von Meerwasser wesentlich umgestalten, sogar eine erneute Abschnürung von Becken bedingen, wodurch dann Änderungen der Salzkonzentrationen und Änderungen in dem Gange der Abscheidungen eintreten. So scheint in dem Lager von Wieliczka die Salzkristallisation nach Abscheidung von Natriumchlorid (Steinsalz) unterbrochen worden zu sein, indem durch irgendeinen besonderen Vorgang die Mutterlauge mit den im Wasser leichter als Natriumchlorid löslichen Salzen, vielleicht auch noch mit einem Teil des Natriumchlorid fortgeschwemmt, also anderen Stellen zugeführt wurde.

Unter solchen Verhältnissen entstehen gelegentlich extrem erscheinende Folgen. Es kann viel Gips zur Abscheidung kommen, während Natriumchlorid in Lösung bleibt. Die großen Gipslager am Montmartre sind z. B. aus in flachen Buchten eingedampften Meerbusengewässer abgeschieden worden. Sie enthalten eine Fülle von Landsäugetieren als Leitfossilien.

Die Zusammensetzung einiger der Mutterlaugensalze nach der Abscheidung sei wie folgt angegeben:

Sylvin: KCl Sylvinit (mit $NaCl$)
Kainit: $MgSO_4$, KCl, $3\,H_2O$
Kieserit: $MgSO_4$, H_2O
Polyhalit: $2\,CaSO_4$, K_2SO_4, $MgSO_4$, $2\,H_2O$
Karnallit: $MgCl_2$, KCl, $6\,H_2O$
Tachyhydrit: $CaCl_2$, $2\,MgCl_2$, $12\,H_2O$

Deren Löslichkeitsverhältnisse in Wasser geben die folgenden Zahlen an.

Von 100 Teilen Wasser werden gelöst:

Gips: 0,2 g
Kainit: 29 g
Kaliumchlorid: 34,5 g
Natriumchlorid (Kochsalz) 36,0 g
Kieserit: 40,9 g
Polyhalit: 50 g
Magnesiumsulfat ($MgSO$, $7\,H_2O$): 60,3 g
Karnallit: 64,5 g
Tachyhydrit: 160,3 g

Ist nun aber ein zweites, drittes usw. Salz gleichzeitig vorhanden, so tritt eine Verschiebung in dem Löslichkeitsverhältnis ein. Mit Magnesiumchlorid gesättigtes Wasser vermag z. B. nur fast 2,5 g Kochsalz zu lösen; mit Kochsalz und Magnesiumchlorid gesättigtes Wasser löst nur fast 1 g Magnesiumsulfat[1]). Daher konnten nachträglich in Gegenwart von Wasser Änderungen in den Abscheidungen ent-

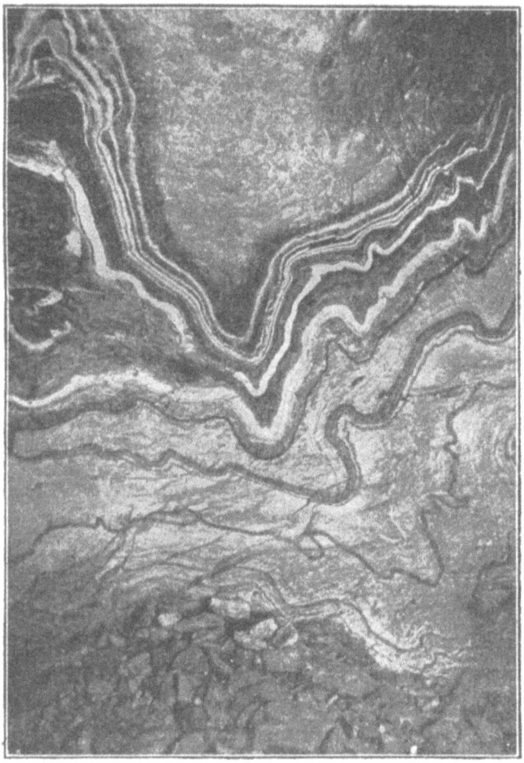

Abbildung 4.
Schichtenbiegung der Abraumsalze bei Staßfurt.
(Aus Treptow-Wüst-Borchers, Bergbau und Hüttenwesen. Leipzig, Otto Spamer.)

stehen. Änderungen dieser Folge, aber auch solche mechanischer Art deuten z. B. gewisse Schichtenbiegungen in den Lagen der Abraumsalze an. Mit dem Namen Abraumsalz bezeichnet man die meist kalisalzreiche Schicht, welche, will man das Steinsalz (NaCl) erreichen, zunächst abzuräumen ist.

[1]) Ich verweise auch auf die physikalisch-chemischen Studien von J. H. van 't Hoff u. A.

In den Steinsalzlagern kommen sogenannte Jahresringe dadurch zustande, daß in der Winterkälte keine oder nur eine geringe Verdunstung von Wasser eintritt; das Einströmen von Ozeanwasser in das Becken vollzieht sich aber langsam weiter. Dann kommt wieder die Sonnenwärme zur Geltung; Wasser verdunstet und zuerst scheidet sich Gips des eingeströmten Ozeanwassers, durch die Mutterlaugensalzlösung fallend, als Anhydrit aus. Daher plötzlich vermehrte Anhydritabscheidung oder Abscheidung von Doppelsalzen, in denen diese Kalkverbindung vertreten ist.

Der Natronsalpeter ($NaNO_3$) der Westküste von Südamerika (19. bis 26. Grad), der Chilesalpeter, wird von einigen Forschern in seiner Entstehung auf die Einwirkung kohlensauren Alkalis auf Guanostaub zurückgeführt. Andere nehmen an, daß Tange in ehemaligen Zeiten durch Meerwasser in die große und weite Bucht von Südamerika verschleppt wurden und dort zur Verwesung kamen, woraufhin die Einwirkung der Meerwasserbestandteile stattfand (Nöllner). So entstand aus der pflanzlichen Stickstoffsubstanz (Eiweiß) über Ammoniak durch einen Oxydationsvorgang ein Salpetermaterial. Jedoch auch diese Hypothese scheint für eine Erklärung der Chilesalpeterlager nicht zu genügen; vielleicht wird ein vulkanischer Ursprung der Salpetersäure mit Recht in Berücksichtigung gezogen werden müssen[1]). Das Salpetermaterial wird heute in Chile aus Schichten von 0,5—2 m der Erde entnommen und zutage gefördert. Man nennt es Caliche; seine Zusammensetzung ist etwa die folgende:

48—75% Natriumnitrat (Natronsalpeter),
20—40% Natriumchlorid (Kochsalz),
4—12% andere Salze, wie Natriumsulfat, Kalziumsulfat, Kaliumnitrat, Magnesiumchlorid, Magnesiumjodat, Kaliumchlorat und Kaliumperchlorat.

Menschenhand reichert durch systematische Ablaugungen den Natronsalpeter bis auf etwa 96 Proz. an.

Auch an vielerlei anderen Orten der Erde befindet sich Salpetermaterial ähnlicher Zusammensetzung; nirgends jedoch hat man es in so mächtigen Schichtlagern wie in Chile

[1]) Wir wissen gar nicht, ob Bestandteile der Atmosphäre, wie Stickstoff, Sauerstoff, Wasserstoff, ehedem nicht etwa teilweise und zeitweise in aktivem Zustande vorhanden waren, so daß dadurch mannigfache Verbindungen der Elemente entstehen konnten, sobald die Druck- und Temperaturverhältnisse eine Beständigkeit der Verbindungen sicherten. Heute werden aktivierte Bestandteile der Atmosphäre nur in geringen Mengen beobachtet.

Abbildung 5.
Chilesalpeterlager im Abbau. (Caliche durch helle Farben hervorgehoben.)
Nach Vorlagen gezeichnet.

vorgefunden. Mancherorts findet die Verwesung organischer stickstoffhaltiger Substanz in Gegenwart von Kalk oder Kalisalzen u. a. statt; der Vorgang führt — meist über Ammoniak — zur Bildung salpetersaurer Salze des Kalziums und des Kaliums u. a. (Kalziumnitrat, Kaliumnitrat u. a.). Auch dieses Salpetermaterial tritt in seiner Menge gegenüber dem Chilesalpeter sehr wesentlich zurück.

Das heutige Meerwasser hat — im allgemeinen beurteilt — fast überall die gleichartige Zusammensetzung; nur dort, wo in abgeschnürten, also „gesonderten" Becken Wasser verdunstet, wird ähnlich wie bereits besprochen eine Konzentration stattfinden. Das illustriert die folgende Tabelle:

Die Nordsee enthält annähernd . .	3,5%	feste Bestandteile
das Polarmeer enthält annähernd . .	3,2%	feste Bestandteile
der atlant. Ozean enthält annähernd .	3,6%	feste Bestandteile
das Mittelmeer enthält annähernd . .	3,8%	feste Bestandteile
die Ostsee enthält annähernd nur . .	0,66%	im Osten; nach Westen zu mehr feste Bestandteile
das Rote Meer enthält annähernd . .	4,4%	feste Bestandteile
der Kaspisee enthält annähernd . .	5,6%	feste Bestandteile
der große Salzsee enthält annähernd .	14,9%	feste Bestandteile
das Tote Meer enthält annähernd . .	21,7%	feste Bestandteile
der Bogdosee enthält annähernd . .	24,0%	feste Bestandteile
der flache Eboesee an der unteren Wolga enthält annähernd	28,8%	feste Bestandteile

Es enthalten 100 Teile Flüssigkeit gelöst:

	im offenen Ozean	im Roten Meer
Kochsalz . . .	2,67 g	3,03 g
Magnesiumchlorid	0,322	0,404
Kaliumchlorid . .	0,129	0,488
Natriumbromid .	0,042	0,064
Magnesiumsulfat .	0,197	0,274
Gips	0,163	0,179
Kalziumkarbonat, Natriumkarbonat, Eisenoxyd, Natriumjodid, Magnesiumjodid u. a. auch Kupfer, Silber und Gold zusammen . . .	0,004	0,010
	3,527	4,449

Der Kochsalzgehalt entspricht 76 Proz. der festen Bestandteile.

Durch die Sonnenstrahlenwärme wird beständig das Oberflächenwasser der Meere, Seen und Flüsse verdunstet, so daß die Atmosphäre mehr oder weniger mit Wasserdampf vermengt ist. Als Regen oder Schnee kommt Wasser hierdurch einst wie jetzt zum Erdboden zurück, bildet Binnenseen und führt auch zur Quell-, Fluß- und Strombildung. Es leuchtet ein, daß ein derartiges Wasser als Regenwasser oder als Schnee zunächst fast rein ist, daß es also nur Bestandteile der Atmosphäre, wie Sauerstoff, Kohlendioxyd gelöst enthält und daneben in der Atmosphäre suspendiert gewesene Teilchen anorganischer wie organischer Art (Staub) mit sich niederschlägt. In der Berührung mit den Erdmassen treten aber Lösungen von Einzelbestandteilen derselben ein. Diese bilden dann beim Eindampfen des Wassers mehr oder weniger reichliche feste Rückstände, wie wir das bei Flußwasser, auch Trinkwasser (Süßwasser) beobachten können (Kesselstein). Das an und für sich fast unlösliche Kalziumkarbonat ($CaCO_3$) wird löslich in Gegenwart von Kohlensäure zu Bikarbonat. Ein gleiches gilt für das schwer lösliche Magnesiumkarbonat ($MgCO_3$) und für das fast unlösliche Eisenkarbonat ($FeCO_3$). Durchfließt das Wasser einen Boden, dem Abfallstoffe einverleibt wurden, wie dies auf dem Lande in der Nähe menschlicher Wohnungen nicht selten geschieht, so lösen sich im Wasser auch gewisse Abbauprodukte stickstoffhaltiger organischer Substanz, z. B. Ammoniak, salpetrigsaures Salz und salpetersaures Salz u. a. auf und das Wasssr ist nun als Trinkwasser unbrauchbar. Durchlaufen Wässer die heißen Erdschichten, so werden sie häufig durch Dampfdruck als heiße Quelle emporgehoben; sie haben dann entsprechend hohe Temperaturen, auch entsprechend der Einwirkung des Wassers und seiner gelösten Salze auf die Erdrinde häufig mehr Verdampfungsrückstand aufzuweisen als Fluß- oder anderes Süßwasser. Es haben salzhaltige oder salzgesättigte Wässer öfters Gelegenheit aus dem Erdreich in Höhlungen hinabzutropfen. Während des langsamen Abtropfens verdunstet ein Teil des Lösungsmittels (Wasser) und es entstehen auf diese Weise ansehnliche Zapfengebilde als Stalaktiten, die nichts weiter als ehedem in Wasser gelöste Substanzen sind. Dementsprechend können auf den Boden der Höhle fallende Tropfen durch Wasserverdunstung allmählich zu Tropfsteinen emporwachsen; es sind das die Stalagmiten. Oder aber, es wird aus den salzreichen Gewässern Anhydrit ($CaSO_4$) abgeschieden, das — wie in der Barbarossahöhle am Kyffhäuser — in Gestalt langer Lappen von der Wandung der Höhle herabhängt und infolge langsamer Wasseranziehung sich in Gips umwandelt ($CaSO_4$, $2 H_2O$).

Häufig spielt bei chemischen Umwandlungen auch die Flora, insbesondere die Bakterienflora eine vermittelnde Rolle; so auch vielleicht beim Laterit (Eienoxydhydrat, Aluminiumoxyhydrat und unwesentliche akzessorische Beimengungen als Silikat u. a. m.; Bauer, Holland, Dubois u. a. m.). Zersetzen sich wasserführende Pflanzenreste und tierischer Dünger bei Mangel an Luftzufuhr, so tritt die Bildung einer „milden" Humussubstanz ein; Mangel an Basen (Kalk) bedingt dann ein Zunehmen der sauren Eigenschaften und eine nur langsam fortschreitende Zersetzung.

Solcherart bilden sich unter der Rasendecke sumpfiger Wiesen, in Abzugsgräben und flachen Tümpeln aus verwesendem Pflanzenmaterial durch Mikroorganismentätigkeit bei Mangel an Luft schwache Humussäuren; kommen diese mit eisenoxydul- oder eisenoxydhaltigem Boden in Berührung, so vermögen sie diesen zum Teil zu lösen. Die Eisenlösung sickert weiter und wenn später genügend Luftsauerstoff zutritt, so werden die Humussäuren in Kohlensäure verwandelt und dann fällt die gelöste Eisenerde aus. Die Oberfläche des Wassers bedeckt sich mit einer zarten, in Regenbogenfarben schillernden Haut, welche sich verdickt, in chemischen Umwandlungen Hydratwasser annimmt, vielleicht auch Sauerstoff zur Bildung von Oxyd aus Oxydul aufnimmt und sich dabei gelb oder braun färbt und in Flocken zu Boden sinkt. Im Laufe der Jahre wachsen die Massen zu beträchtlichen Mengen an, die Sumpferz oder Raseneisenstein benannt werden. Das Material zeigt Eigenschaften, welche dartun, daß bei seiner Entstehung Vorgänge kolloidchemischer Natur stattfanden[1]).

[1]) „Kolloidal" kann derjenige Zustand der Masse sein, in welchem die an und für sich feste Substanz doch in einem so fein verteilten — und wahrscheinlich Hydratwasser führenden — Zustande sich befindet, daß sie einem unvollkommenen Sehorgan, z. B. unserem menschlichen Auge, als „gelöst" oder „fast gelöst" erscheint.

Man kann sich daher vorstellen, daß die Umwandlungsgeschwindigkeit oder die Wirkungsgeschwindigkeit solcher Kolloidkörper größer ist als diejenige

Vor unseren Augen — also in der Gegenwart — vollzieht sich auch die Bildung von Mooren, die Bildung von Torf durch den Untergang pflanzlicher Substanz in stagnierendem Wasser. Bakterien und andere Mikroorganismen bewirken die langsame Vertorfung oder Verkohlung der pflanzlichen Substanz; dadurch sammelt sich eine kohlenstoffreichere Substanz an. In mehr oder weniger sogenannt reifem Zustande wird heute der Torf von Menschenhand gestochen und der technischen Verwertung zugeführt.

Abbildung 6.
Stechtorfgewinnung. Nach Vorlagen gezeichnet.

Man hat versucht die Energievorräte des Torfes — empfangen und gesammelt als Sonnenstrahlenenergie (siehe später unter: Das organische Leben der Gegenwart a) der pflanzliche Organismus) — zu Heizzwecken rationell zu verwerten, sei es, daß dieser Torf in Form von Brennmaterial Verwendung findet, sei es, daß man — wie es in neuerer Zeit

mehr kompakter Körper, weil bei dem Kolloidkörper die Oberflächenwirkungen günstigere sind und daher in der Zeiteinheit intensiver stattfinden als bei gleichen Gewichtsmengen mehr kompakter, im übrigen dem Kolloidstoff jeweils gleichartiger Körper.

In kolloidalem Zustande ist zunächst das humussaure Eisen bei dem Übergange in kohlensaures Eisenoxydul und kohlensaures Eisenoxyd; ebenfalls in kolloidalem Zustande ist dann periodenweise das unter Absonderung von Kohlensäure sich schnell bildende Eisenoxydul- und Eisenoxydhydrat.

geschieht — aus ihm in sinnreich konstruierten Verbrennungsmaschinen und unter Zuführung von überhitztem Wasserdampf und Luft Kraftgas einerseits und aus seinen Stickstoffverbindungen Ammoniaksalz andererseits erzeugt (Mond, Frank, Caro) oder sei es endlich, daß man Torfkoks, Torfteer, Ammoniak, Essigsäure und Methylalkohol und aus dem Teer Benzol, Toluol, Paraffin, Karbolsäure, Kreosot u. a. m. erzeugt.

Produkte der Verkohlung pflanzlicher Substanz sind auch jene großen Lager von Braunkohle, Steinkohle und Anthrazit, die wir heute als bequeme Energiequelle zur Erzeugung von Wärme und Elektrizität, auch als Ausgangsmaterial zur Erzeugung technisch wichtiger Präparate benutzen. In diesen Kohlenarten ist der Kohlenstoff schon weit reicher angesammelt als im Torf, weil in ihnen die Verkohlung unter Entbindung von Gasen in weit größerem Maße stattgefunden hat, denn im Torf. Und dennoch ein gewaltiger Unterschied zwischen Braunkohle und Steinkohle, bedingt vor allem durch die Art der Pflanzen, aus denen diese Kohlen entstanden. Zur Karbonzeit (Steinkohlenzeit) waren es mächtige Gewächse aus dem Geschlechte der Farne, Schachtelhalme, Lepidodendren, Kalamiten, Schuppen- und Siegelbäume, doch zur Zeit der Braunkohlenflora in der Tertiärzeit sind es die inzwischen entstandenen Laub- und Nadelhölzer, auch Palmen, welche das Material zur Bildung angereicherten Kohlenstoffgehaltes in den Verkohlungsprodukten abgaben.

Sträucher, wie mächtige baumartige Gewächse, entwickelten sich in den sumpfigen Meerbusen und Binnenseen, um alsbald in dem schlammigen Boden zu versinken und dem Wachstum neuen Pflanzenlebens Platz zu machen, das dann einem ähnlichen Untergange geweiht war. So sammelte sich Stamm auf Stamm, Gewächs auf Gewächs und wie etwa durch Erdverschiebungen oder durch andere Katastrophen gewaltiger Art geriet das Material unter Druck, erhärtete bis zu einem gewissen Grade, verkohlte unter mangelnder Sauerstoffzufuhr und bildete ganze Flöze. Braunkohlenflöze werden heute vielerorts durch Tagebau, Steinkohlenflöze heute fast nur noch auf bergmännische Weise abgebaut.

Der große Unterschied in den Kohlenarten ergibt sich durch die Verschiedenheit des Pflanzenmaterials. Vornehm-

Abbildung 7.

Landschaft aus dem mittleren Tertiär (Miozän) Norddeutschlands. (Nach Angaben von H. Potonié.)

Abbildung 8.
Vegetations-Landschaft der mittleren Steinkohlenzeit mit den wichtigsten Pflanzenformen dieser Erdperiode.
(Nach Angaben von H. Potonié.)

Abbildung 9.
Tagebau des Braunkohlen- und Briketwerks Berggeist A.-G. Brühl-Cöln.

lich Nadelhölzer enthalten harzartige Substanz, die bei der Bildung der Braunkohle eine Veränderung zu Bitumen erlitten und der Braunkohle vermöge dieses Bitumengehaltes die Eigenschaft verleihen, unter Druck zusammenzubacken. Harz fehlte aber jener Flora der Karbonzeit fast ganz. Zwar gibt es mannigfache Arten der Steinkohle — kohlenstoffreiche und an Kohlenstoff weniger reiche, bitumenarme (anthrazitische) und bituminöse[1]) (Kannel-Mattkohle) —, doch fehlt im Steinkohlenklein jenes Bindemittel, das, will man aus ihm Briketts herstellen, erst in Form von Pech, Eiweiß, Melasse, Teer oder Zement zugesetzt werden muß.

Die Veränderungen bei der Verkohlung des Ausgangsmaterials werden dem Leser am schnellsten klar, wenn ich die folgende Tabelle einschalte:

Es hat:	Kohlenstoff	Wasserstoff	Sauerstoff	Stickstoff, auf Substanz frei von Mineralstoff und Wasser berechnet
Holz . . .	50	6	43	1
Torf	60	6	32	2
Braunkohle .	70	5	24	1
Steinkohle . .	82	5	12	1
Anthrazit . .	94	3	3	Spur

Es tritt dementsprechend bei zunehmender Verkohlung Sauerstoff und Wasserstoff aus, doch mehr Sauerstoff als dem Wasserstoff unter Bildung von Wasser entspricht, so daß der disponible Wasserstoff zunimmt[2]). Gleichzeitig zieht aber auch ein Teil des Kohlenstoffs mit Wasserstoff und Sauerstoff in Form von Gasen — Kohlenoxyd, Kohlendioxyd, Kohlenwasserstoffe — ab; daraus erklärt sich die Gegenwart der schlagenden und erstickend wirkenden Wetter in Kohlengruben.

Die Geschehnisse im Werdegang der Kohlenarten können nicht immer scharf begrenzte sein. Zwischen Braunkohlenflözen findet man hier und da Holzkohlenschichten, entstanden unter den Einflüssen vulkanischer Ausbrüche,

[1]) Die bituminöse Eigenschaft der Steinkohle rührt teils von chemisch gebundenem Wasser, teils von einem verhältnismäßig hohen Gehalt an überschüssigem (disponiblem) Wasserstoff her.

[2]) Setzt man den im Brennstoff enthaltenen Sauerstoff mit der äquivalenten Menge Wasserstoff zur Bildung von Wasser in Berechnung, so ist der in der Regel verbleibende Rest an Wasserstoff der „disponible", also „freie" Wasserstoff (dementsprechend disponibler Wasserstoff = Gesamtwasserstoff minus $^1/_8$ Sauerstoff). Für die Wärmeerzeugung kommt nur der disponible Wasserstoff in Betracht; denn je mehr Sauerstoff ein Brennstoff enthält, desto geringer ist der Verbrauch an Sauerstoff beim Verbrennungsvorgang, desto geringer aber auch die entwickelte Wärmemenge.

durch welche die Urwälder teilweise in Brand gesetzt wurden.

Und unter den Braunkohlen interessiert auch eine solche, die Pyropissit, oder Harzkohle, Wachskohle, gelbe Braunkohle, graue Erdkohle, weiße Kohle benannt wurde. Sie kommt bei uns im Weißenfels-Zeitz-Altenburger Braunkohlenrevier vor und ist dort weißgelb. Zu ihrer Entstehung diente eine sehr harzreiche Flora unter ganz besonderen Umständen. Wird nämlich eine solch besonders harzreiche, doch im übrigen immerhin noch als normal zu bezeichnende Braunkohle vom Wasser aufgearbeitet und partienweise fortgeführt, so werden sich die einzelnen Kohlenteilchen nach ihrem spezifischen Gewicht gesondert ablagern. Die stark harzreichen leichteren Teilchen der Braunkohle können sich dann nur an einer verhältnismäßig ruhigen Wasserstelle absetzen. Pyropissit ist dieser harzreiche Schlammteil der Braunkohle, der aus der Braunkohle ausgeschlämmt wurde und dessen Kohlenteile beim Transport zum Teil einer Zersetzung unterlagen (R. Potonié).

Menschenhand stellt mit Hilfe geeigneter Apparate und unter Wärmezufuhr aus Braunkohle her: Koks, Teer und Brenngase und verarbeitet den Teer noch gesondert auf Benzol, Solaröl, Schmieröl, Paraffin, Pech u. a. m. und aus der Steinkohle wird zunächst gewonnen: Koks, Teer, Ammoniakwässer, Cyan- und Schwefel-Verbindungen sowie Leuchtgas, woraufhin der Teer in eine Reihe von Bestandteilen, darunter Benzol, Toluol, Pyridin, Chinolin, Phenol, Kresol, Naphthalin, Anthrazen, Phenanthren übergeführt wird. Das sind Präparate, aus denen wieder andere wichtige Produkte hergestellt werden, einerseits z. B. Salizylsäure, anderseits z. B. nitriertes Benzol, nitriertes Toluol nitriertes Naphthalin, sulfuriertes Benzol, sulfuriertes Naphthalin, oxydiertes Anthrazen u. a. m.; viele derselben sind Ausgangsmaterialien zur Gewinnung der Teerfarbstoffe.

Auch das Tierleben vermittelt nicht selten eigenartige Bildungsweisen chemischer Körper.

Milliarden von Mikroorganismen beleben das Wasser; ihre toten Reste verfallen schließlich in eine kreideartige Kalkmasse (d. i. Kalziumkarbonat, $CaCO_3$). Die Form der Mikroorganismen ist hierbei vollkommen zerstört. Die weltbekannten Marmorlager von Carrara z. B. sind umgewandelte Riffkalke des Triasmeeres, also Gebilde, die durch abgestorbene Korallentierchen (marine Organismenwelt) entstanden und durch besondere Druckverhältnisse in kristallinischen Zustand übergeführt wurden. Konnte doch beobachtet werden, daß der sedimentäre Kalkstein bei Monte Venda (in der Nähe von Padua) durch darüberfließende heiße Lava bis zu einer Tiefe von 1 m in Marmor verwandelt wurde.

Und ähnlich wie bei dem pflanzlichen Kohlenmaterial sind im Erdinneren unter starkem Druck und bei höheren Temperaturen in früheren geologischen Perioden auch Tierreste einer langsamen Zersetzung unter Bildung ganz eigenartiger Körper anheimgefallen. Hier muß wohl ein katastrophenartiges Zusammentreiben der Tiere an einzelnen Stellen der Erde sich vollzogen haben, worauf der Untergang dieser Tiere dann stattfand; vielleicht waren es Lebewesen des Meerwassers. Oder aber die Leichen dieser Tiere sind mitsamt Pflanzenresten durch gesonderte Erdvorgänge zusammengeworfen und unter Druck gesetzt worden (vulkanische Ausbrüche besonders starker, oder solche sich wiederholender Art).

Dieser Vorgang führte zur Entstehung des Erdöls, so zwar, daß zunächst ein Abbau der Stickstoffsubstanz unter Entbindung von Ammoniak und Ammoniakderivaten (vielleicht unter teilweisem Wiederaufbau molekularer Komplexe aus Spaltungsprodukten der ersten Zersetzung) stattfand und dann das Fett sich unter hohem Druck zu Erdöl umwandelte. Ähnlich ist das Erdwachs, der Ozokerit (gereinigt: Zeresin) entstanden.

Daher finden sich in diesem Erdöl auch optisch aktive Substanzen, die dem Cholesterin ähnlich sind; aus der Gegenwart solcher Substanzen folgt wieder, daß die Erdölbildung nicht etwa bei sehr hoher Temperatur stattfand, denn bei starker Erhitzung geht die optische Aktivität der angedeuteten organischen Kohlenstoffverbindung verloren. Auch gelang es dem Karlsruher Chemiker C. Engler aus Fischtran durch Druck und gelinde Wärme petroleumartige Produkte zu erzeugen. Daß aus tierischem Eiweiß durch Zersetzung auch Fettsäuren oder deren Derivate sich abbauen lassen, hat u. a. E. Fischer gezeigt. Es liegt kein zwingender Grund vor anzunehmen, daß zur Erdölbildung neben den Tierarten auch pflanzliches Material mit Verwendung gefunden habe. Das Erdöl ist auf der Erde weit verbreitet.

Von anderen Hypothesen der Erdölbildung sei hier nur diejenige erwähnt, wonach das Erdöl durch die Wirkung von Karbiden, also Verbindungen von Kohlenstoff mit Metallen, entstanden gedacht wird (Berthelot, Mendelmjeff, Moissan). Diese im Erdinneren voraussichtlich lagernden Karbide sollen durch Zusammentreffen mit Wasser bei hohen Temperaturen (600—1200°) und Luftabschluß petroleumartige Gemische liefern können.

Menschenhand trennt das Erdöl unter Anwendung von Apparaten bei besonderen Temperaturen in gasförmige, flüssige und feste Präparate; von diesen seien hier genannt Petroleumäther und Benzin (Petroleumbenzin), Ligroin, Putzöl, Petroleum, Schmieröl, Paraffin, Solaröl.

Übrigens besteht ein wesentlicher Unterschied zwischen pennsylvanischem Öl und russischem Erdöl (Bakuöl); jenes führt fast nur Kohlenwasserstoffe der Paraffinreihe C_nH_{2n+2}, dieses enthält auch Naphthene (Kohlenwasserstoffe ringförmiger Atomverkettung der Formel C_nH_{2n}). Der Unterschied wurde vielleicht hervorgerufen durch andere Entstehungszeiten und infolgedessen durch andere lokale Verhältnisse, wie Druck und Temperatur. —

Chemische Umwandlungen in der Erdkruste und im Erdinneren lassen sich als Geschehnisse ehemaliger und heutiger Zeiten des Planeten Erde in noch manchen Einzelheiten aus chemischen Laboratoriumsversuchen ableiten. Ich sehe aus mehrfachen Gründen davon ab, alle diese Möglichkeiten aufzuzählen. Jedes Lehrbuch der Chemie ist wie jedes Lehrbuch der anderen Naturwissenschaften ein Geschichtsbuch für die Umwandlungsmöglichkeiten in und auf dem Planeten. Dabei will ich aber auch nicht verschweigen, daß es in diesem Weltensystem gar manche uns unbekannte Tatsachen gibt, die — werden sie in zukünftigen Zeiten vom menschlichen Verstande aufgedeckt — neue Anschauungen über dieses Weltensystem — in dem ja unser Planet Erde nur ein kleines Teilchen ist — erwecken werden.

Zur Genüge hat das in jüngster Zeit die Erkenntnis vom Radium und die Möglichkeit der Zersetzung dieses Elementes in verschiedenartig wirkende Strahlen, auch die der Überführung in andere Elemente dargetan. Es besteht die Ursache der Radioaktivität in der Umwandlung des Radiumatoms in andere Elemente. Diese Verwandlung der Radiumatome vollzieht sich bei gewöhnlicher Temperatur und unter unseren normalen Druckverhältnissen äußerst langsam, aber ständig. Der Vorgang ist physikalischer und chemischer Art. Bei der Zerlegung des Radium entweichen verschiedene Strahlen. Die einen derselben gehen in das Element Helium über. Man spricht solcher Art von Radiumemanation, als einem Gas, das gleichfalls radioaktive Eigenschaften aufweist. Und wiederum spaltet sich Emanation in neue Atome und auch diese neuen Atome liefern Teilprodukte. So entsteht eine Kette von Zerfallprodukten, die alle mit Energiekräften geladen sind[1]).

Und das Merkwürdigste ist, daß Radium zwar die Emanation abgibt, daß aber dadurch „nichts von uns Menschen Wägbares“ vom Radium verloren geht. Die theoretische Überlegung läßt freilich die Änderung der Energie nicht ohne die Änderung der Masse zu. Tatsache ist ferner, daß, wenn Radium Emanation in gewissem Maße abgegeben hat, und es scheint, daß es fast keine Emanation mehr abzugeben habe, es sich bei der Aufbewahrung allmählich doch wieder erholt und dementsprechend nach einer gewissen Zeit von neuem Emanation in die Atmosphäre und damit in den Weltenraum aussendet.

Wenn nun, wie es scheint, etwas für uns Unsichtbares im Weltenraum ist, das dem Radium von neuem Energiequellen der Emanation aufdrängt, so gehört meines Erachtens nicht viel Phantasie dazu, von diesem Verhalten eines anorganischen Körpers auch auf das Verhalten organischer Körper auf Erden zu schließen. Fast möchte man dann annehmen, daß auch der organischen, lebensfunktionsfähigen Vereinigung molekularer Komplexe, der Zelle, von dem für uns einstweilen unbekannten Unsichtbaren solange Energie — in irgendwelcher Art — zugeflößt werde, als dieser organische molekulare Komplex sich im regelrechten, d. h. gesunden Stadium des Austausches der verschiedenen Reaktionsprodukte befindet.

---

[1]) Es scheint gelungen zu sein, eines der Zerfallprodukte der Radiumemanation (Radium D) in sichtbaren und elektromorisch wirksamen Mengen darzustellen; dabei erwies sich dieser Körper als elektrochemisch gleichartig mit inaktivem Blei (G. v. Hevesy und F. Paneth).

Welcher Ausblick, wenn die von dem Element Radium in die Welt hinausgeschleuderten Energiemengen den Menschen dienstbar gemacht werden können, so zwar, daß es dem Menschen gelänge, den Zerfall des Atoms Radium je nach Wunsch zu beschleunigen?! Bis heute sind hierbei Druckkräfte bis zu 2000 Atmosphären und Temperaturen bis zu 1500° ohne Einwirkung geblieben. Beim Zerfall von 1 g Radium werden 2000 Millionen kalorische Einheiten abgegeben, während 1 g Steinkohle bei der Verbrennung nur 7000 Einheiten liefert; es entspricht mithin 1 g Redium annähernd 6 Zentner Kohlen. 3 kg Radiumemanation würden also hinreichen, um einen Riesendampfer mit etwa 80000 PS von Europa nach Amerika zu treiben.

Nach neueren Anschauungen ist es wahrscheinlich, daß auch die Strahlungsenergie der Sonne als ein Prozeß des Zerfalls mit Energie geladener komplexer Körper anzusehen ist[1]).

Welcher Ausblick aber auch, wenn wir in Analogie zu den Beobachtungen am Radium die ständige Abgabe von Energiemengen durch den Zerfall auch der anderen für uns heute scheinbar beständigen Elemente annehmen. Denn was für das im Uranerz entdeckte und in außerordentlich geringen Mengen fast überall auf der Erde vorkommende Radium und seine Zerfallprodukte, für Thorium und seine Zerfallprodukte, für Aktinium und seine Zerfallprodukte heute als vorhanden, weil erwiesen, angenommen wird, das darf nach logisch-menschlichem Ermessen für **alle** Elemente gelten, wenn auch für diese anderen nur so, daß bei diesen ein weitaus langsamerer Zerfall bei heutigen

---

[1]) Das steht im Gegensatze zu vordem angenommenen Theorien: Der Gedanke, daß die Strahlungsenergie der Sonne etwa einer Art Verbrennungsprozeß im Sinne gewöhnlicher chemicher Reaktionen entstamme, mußte aufgegeben werden, weil das Gesamtmaterial der Sonnenmasse für einen solchen Reaktionsprozeß nur etwa 5000 Jahre ausgereicht haben würde, während wir schon aus hieronischer Zeit wissen, daß ihr Alter ein viel höheres sein muß; hätte sie doch dann zu Zeiten Altbabylons, vor etwa 6000 Jahren, noch nicht geschienen haben können. Auch die Helmholtzsche Kontraktionstheorie, wonach die Wärme der Sonnenstrahlen auf ein Zusammenziehen der Sonnenmasse zurückgeführt wird, mußte aufgegeben werden, weil sie eine gleich starke Wärmeabgabe nur für einen Zeitraum von etwa 20 Millionen Jahren erklären kann, während das Alter gewisser Organismen, die man spurenweise in einigen geologischen Schichten aufgefunden hat, allein schon 100—1000 Millionen Jahre schließen läßt (C. Engler, Zerfallprozesse, Karlsruhe 1911).

Druck- und Temperaturverhältnissen eintreten wird.

Ob wohl im Zusammenhange hiermit der heute von uns noch keineswegs geklärte Zustand der Luftelektrizität zu bringen ist? In allen Teilen der Erde, auf den Festländern wie auf den großen Meeren sind zahlreiche Beobachtungen der atmosphärischen Elektrizität angestellt worden, aus denen sich ergeben hat, daß die Erde angesehen werden kann als eine negativ geladene Kugel von annähernd gleichförmiger Oberflächendichte, umgeben von einer leitenden Atmosphäre. Es geht also ein Strom negativer Elektrizität von der Oberfläche der ganzen Erdkugel aus gegen die Atmosphäre und dieser Strom bedingt einen Gegenstrom (von mehr als 1000 Ampère). Bisher ist indessen nicht die geringste Andeutung einer solchen Gegenströmung gefunden worden; ebensowenig konnte etwa eine befriedigende Erklärung für ihre Abwesenheit aufgestellt werden (Simpson). Doch ich will Spekulationen dieser Art hier nicht weiter verfolgen. Treten wir vielmehr zum Schlusse nur noch der Frage näher:

Zeigen die anderen Himmelskörper dieses Weltensystems in elementarer Hinsicht eine ähnliche Zusammensetzung wie unser Planet Erde?

Die von vielen jener Himmelskörper ausgehenden Strahlen belehren uns, daß dies in der Tat der Fall ist. Zur Untersuchung solcher Strahlen bedient man sich einer besonderen Apparatur. Die Wirkung dieser Apparatur wird uns vielleicht klar, wenn ich wie folgt ausführe:

In ein verfinstertes Zimmer sollen durch die kleine Öffnung eines Fensterladens Sonnenstrahlen einfallen, so, daß unten auf der gegenüberliegenden Wand ein weißes rundes Sonnenbild entsteht. Nun lassen wir dieses Sonnenlicht durch eine dreiseitige Glassäule, ein Prisma, gehen, dessen Kanten sich unten befinden. Da rückt, infolge der Brechung, das Bild nicht bloß an der Wand in die Höhe, sondern es erscheint als ein länglicher Streifen und zeigt verschiedenartige farbige Streifen, die zu einem weißen Licht wieder vereinigt werden können. Rot, Orange, Gelb, Grün, Blau, Indigo, Violett sind die für uns sichtbaren Farben. Jenseits des Violett sind noch ultraviolette Strahlen nachzuweisen, die gewissermaßen den Übergang zwischen Lichtstrahlen und elektrischen Strahlen darstellen. Ebenso sind jenseits des Rot noch für das unbewaffnete menschliche Auge unsichtbare Strahlen, die infraroten mit kleiner Schwingungsdauer. Das weiße Sonnenlicht ist aus unzählig vielen farbigen Strahlen zusammengesetzt, unter denen die vorher hervorgehobenen sieben Strahlen rot-violett besonders hervortreten. Das solcherart entworfene Bild wird Spektrum genannt (Newton 1666). Später beobachtete man (Frauenhofer 1814), daß in dem durch das Prisma entworfenen Spektrum viele

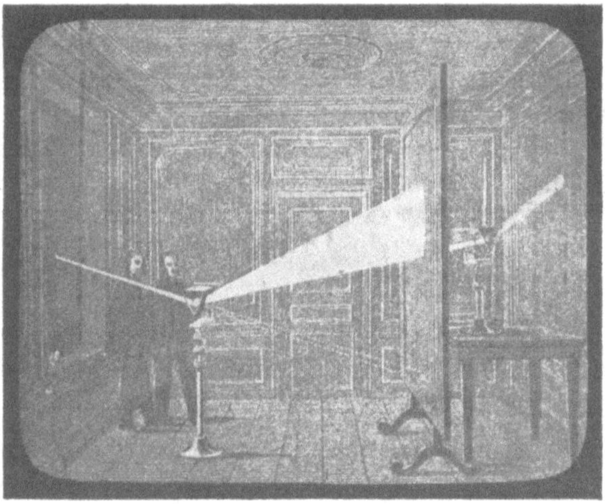

Abbildung 10.

farbige Strahlen fehlen und statt dessen dunkle Querlinien erscheinen. Man hat dann die Spektra der verschiedensten glühenden oder verbrennenden Körper untersucht (Kirchhoff und Bunsen 1860). Spektroskop bzw. Spektralapparat heißt die hierzu benutzte Vorrichtung und Spektralanalyse die Methode der Untersuchung.

Die Spektra zeigen folgende Eigenschaften:

1. Das Sonnenspektrum ist dasjenige Spektrum, das ich oben andeutete; es ergibt gegen 3000 dunkle Querlinien, die Frauenhoferschen Linien, von verschiedener Deutlichkeit, doch stets an derselben Stelle des Spektrums erscheinend.

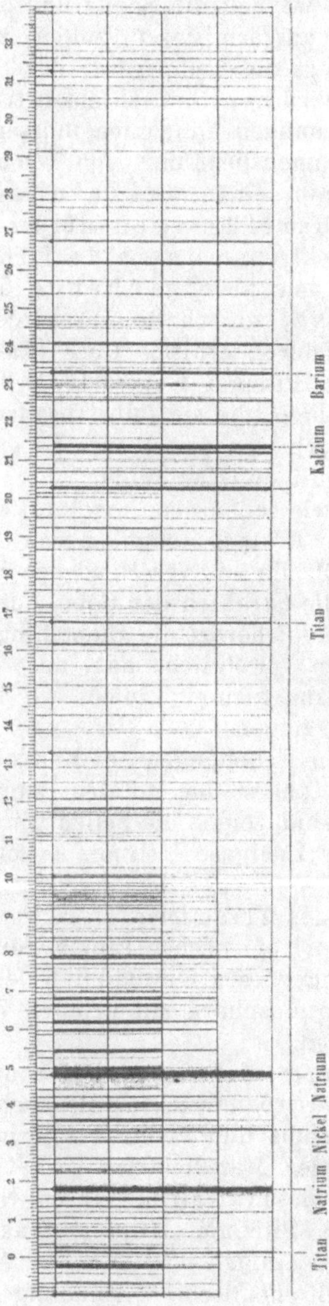

Abbildung 11.
Teil des Tholionschen Sonnenspektrums bei der doppelten Natriumlinie.

Die Hypothese, wonach die Sonne und alle selbstleuchtenden Weltkörper gasförmig sein sollen, hat man fallen gelassen; man schätzt die Temperatur der Sonne jetzt auf 5—6000° und man wird hypothetisch einen tropfbarflüssigen Sonnenkern als vorhanden annehmen müssen. Das ist für die Deutung des Sonnenspektrums von Wichtigkeit. Denn:

2. Wenn ich nun einen weißglühenden festen oder einen tropfbarflüssigen Körper untersuche, so erhalte ich ein Spektrum ohne alle Linien.

3. Untersuche ich aber glühende Dämpfe oder leuchtende Gase, so erhalte ich Linienspektra.

4. Dringt also durch erhitzte Gase (Fall 3) das Licht glühend fester oder flüssiger Körper (Fall 2), so lassen die erhitzten Gase Strahlen, die sie selbst besitzen, nicht hindurch, sondern absorbieren dieselben. Es entsteht ein Absorptionsspektrum mit dunklen Linien.

Die Sonne ist, wie schon oben erwähnt, ein weißglühender flüssiger Körper (Fall 2), umgeben von einer glühenden Atmosphäre (Fall 3), die aus verschiedenen Stoffen besteht. Diese absorbieren die Strahlen der Sonne, die sie selbst besitzen und bewirken solcherart die Entstehung der Fraunhoferschen Linien. Folglich hat das Spektrum der Sonnenatmosphäre da farbige Linien, wo sich Fraunhofersche Linien zeigen.

Die karminroten Erhebungen am Rande der Sonne, die Protuberanzen, die zuerst bei totalen Sonnenfinsternissen beobachtet worden sind, zeigen die hellen Linien des Wasserstoffs, auch die der Edelgase Helium, Argon, Neon, Krypton, Xenon.

Außerdem ist das Zusammentreffen von charakteristischen und Fraunhoferschen Linien für viele unserer Erdenelemente nachgewiesen und dadurch deren Vorhandensein in der Sonnenatmosphäre mit größter Wahrscheinlichkeit dargetan worden.

Die Untersuchung nicht nur der Sonnenatmosphäre, sondern auch die spektroanalytischen Beobachtungen anderer Sonnen des Universums und vieler Fixsterne sprechen für eine Gleichheit in der Materie oder Urmaterie. Man hat hierbei u. a. nachgewiesen: Kalzium, Eisen, Natrium, Nickel, Magnesium, Kobalt, Silizium, Kupfer, Zink, Silber, Zinn, Blei, Wasserstoff; in einigen bereits bis zu 4000° erkalteten Fixsternen sind auch chemische Verbindungen, wie Kohlenwasserstoffe, gefunden worden. Durch das eingehende Studium der Spektren ist man also zu der Überzeugung gelangt, daß Tausende von Sternen fast genau dieselbe chemische Zusammensetzung haben wie die Sonne.

Vielleicht sind an einzelnen Stellen der Himmelskörper Stoffe vorhanden, die als Vorstufen unserer Erdenelemente betrachtet werden können; N. A. Morosoff nennt in diesem Sinne Proto-Wasserstoff, Proto-Helium und Archonium.

Viele der Weltenkörper geben sich unserem Auge zunächst gar nicht zu erkennen; erst wenn Teile von ihnen als Meteore in die Atmosphäre der Erde eintreten und dann auf unsere Erde als Konglomerate herabfallen, ermöglicht deren chemische Untersuchung einen Einblick in die Zusammensetzung dieser Weltenkörper. Man fand in diesen Meteoriten Eisen, Nickel, Phosphor, Kohlenstoff und andere Stoffe, also Stoffe, die auch im Planeten Erde vorhanden sind.

Darum ist es möglich und sogar wahrscheinlich, daß alle diesem Sonnensystem angehörige Planeten bzw. Weltenkörper, von der gleichen Urmaterie entstammend, sich entweder in gasförmigem Zustande oder in feurig-flüssigem Zustande voneinander getrennt haben, um dann — in Energieabgaben noch abhängig voneinander — als Einzelgebilde im Weltenkörpersystem sich zu entwickeln.

Das organische Leben der Gegenwart.

a) Der pflanzliche Organismus.

Ich nehme ein Gerstenkorn und lege es in die feuchte Erde. Das Gerstenkorn entwickelt sich und gibt einer neuen Pfanze das Dasein, welche blüht, Früchte trägt, schließlich abstirbt und der Verwesung verfällt.

Welches sind die hauptsächlichsten chemischen Vorgänge während dieser Erscheinungen organischen Lebens?

Keimen.

Verfolgen wir einige Einzelheiten am Gerstenkorn, das der Erde einverleibt wurde.

Sauerstoff, Wasser und Wärme sind die Grundbedingungen zur Entwicklung des Gerstenkorns im Erdreich. Das Wasser feuchtet die Zellwände an, dringt in das Innere ein und bewirkt eine Quellung der Zellen. In der nebenstehenden Abbildung sieht man den sogenannten Mehl- oder Stärkekörper (Abbildung 12, 1); er besteht aus großen Zellen, die mit Stärke angefüllt sind. Dieser Stärkekörper wird fast allseitig umgeben von der Eiweiß- oder Kleberschicht. Samenhaut und Fruchthaut schließen das Korn nach außen ab. Sowohl Stärke wie Eiweiß dient dem Keimling zur Ernährung; es sind die zur Entwicklung dieses Keimlings bedeutungsvollsten Nährstoffe. Daneben kommen mit wechselartiger Bedeutung noch andere organische Körper, unter ihnen Fett und Abkömmlinge der Fettsubstanz, in Betracht. Der Keimling liegt unten (Abbildung 12, 2); er besteht im wesentlichen aus: Schildchen, Sproßanlage und Wurzelanlage. Stärke wie Eiweiß sind an und für sich in Wasser, also auch in dem in den Samen von außen eindringenden Wasser nahezu unlöslich. Beide werden aber löslich, indem Diastase und Peptase wirken. Diastase und Peptase sind sogenannte E n z y m e , deren wir in diesem und den späteren Kapiteln noch manche andere kennen lernen werden. Man nimmt an, daß solche Enzyme sich aus Eiweißkörpern bilden und daß ihr Stickstoffgehalt geringer sei als der der Eiweißstoffe. Während des Keimens erhöht sich der Enzymgehalt. Die Peptase wirkt auf Eiweiß lösend; Enzyme, denen man die Bezeichnung Amidasen gegeben hat,

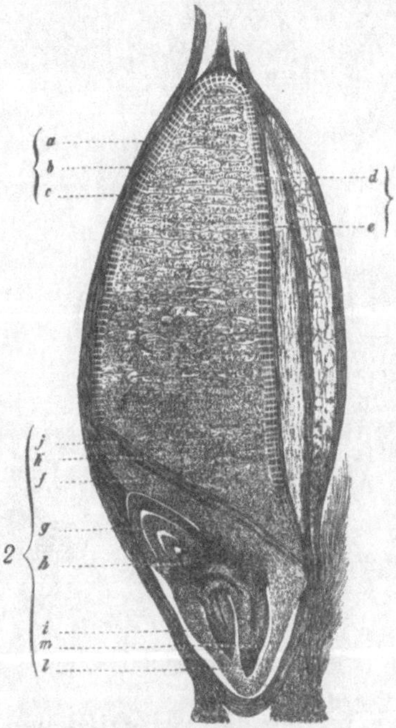

Abbildung 12.

vermögen das durch Peptase löslich gewordene Eiweiß sogar bis zu Aminosäuren abzubauen. Die Diastase bewirkt eine Zerlegung der in Wasser unlöslichen Stärke zu löslicher Stärke, ja bis zu löslichen Zuckerarten und anderen Körpern. Und auch Zellulose kann durch die Wirkung eines Enzyms in einen löslichen Zustand übergeführt werden.

Gleichzeitig wirkt aber auch der Sauerstoff der Luft; er wird zur A t m u n g verbraucht, wobei er sich mit einem Teil des kohlenstoffhaltigen Materials des Gerstenkorns wie

Stärke, Zucker u. a. m. zu Kohlendioxyd, allgemein ausgedrückt Kohlensäure [1]) verbindet:

C	$+$	O_2	$=$	CO_2
Kohlen-stoff		Sauer-stoff		Kohlen-dioxyd

Der Keimprozeß ist daher mit einer Temperaturerhöhung verbunden, die dort, wo sie nicht ebenso schnell verloren geht, als sie erzeugt wird, sich an einem im Versuch geschickt angebrachten Thermometer messen läßt.

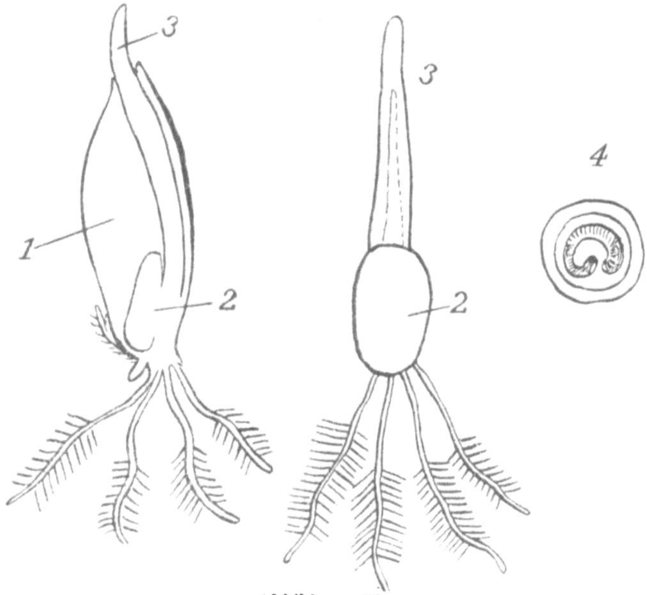

Abbildung 13.

Die lösende Wirkung der verschiedenen Enzyme ermöglicht also Diffusion und Verbreitung der Nährstoffe im Gerstenkorn. Das hat zur Folge, daß die embryonale Wurzelanlage die Kornschale durchbricht und abwärts in den Boden dringt, während Sproß und Blätter dem Lichte zustreben.

Abgelöst von dem zur Ernährung dienenden Mehlkörper (Abbildung 13, 1) besteht der Keim alsdann aus 4—6 Wurzeln, dem Schildchen (Abbildung 13, 2) und dem Blattkeim (Abbildung 13, 3). Die Wurzeln zeigen in der Nähe der Spitze

[1]) Kohlendioxyd ist CO_2; es wird in Verbindung mit Wasser (H_2O) zur Kohlensäure (H_2CO_3). Auch die Bildung von $H_2CO_3 + H_2O = H_4CO_4$ ist in der wässerigen Lösung des Kohlendioxyds denkbar (E. Wilke).

dichte, weiße Behaarungen; das sind die Wurzelhaare. Durch diese nimmt nun die Pflanze das Wasser auf und auch die in Wasser löslichen Nährstoffe des Bodens. Jedes Wurzelhaar ist eine langgestreckte Zelle. Die unbehaarte Wurzelspitze schützt bei dem Durchdringen durch das Erdreich die sogenannte Wurzelhaube, das sind einige Schichten lockerer, großer Zellen. Der Blattkeim (Abbildung 13, 3) schiebt sich auf den Rücken des Korns bis zur Spitze vor und bricht hier durch. Er besteht aus der weißen Blattkeimscheide, in der das grüngefärbte erste Blatt aufgerollt liegt (Abbildung 13, 4 im Querschnitt). Letzteres durchbricht beim weiteren Wachsen die Blattkeimscheide oben an der Spitze.

Ich könnte auch andere Getreidekörner wählen, z. B. Weizen- oder Roggenkorn, denen für die Entwicklung des Keimlings ebenfalls Reservemagazine von Nährstoffen mitgegeben worden sind.

Als Endresultat der Keimung resultiert also zunächst ein Produkt, das sehr wesentlich größer ist als das Gerstenkorn; die Vergrößerung ist aber lediglich der Aufnahme von Wasser zuzuschreiben, indessen die kohlenstoffhaltigen Bausteinmaterialien ihrem Gewicht nach verringert wurden. Eine Vermehrung der Trockensubstanz ist also nicht eingetreten.

Entwicklung der jungen Pflanze. Wachstum.

Nun beginnt eine zweite Periode der Entwicklung der Pflanze. Aus dem Würzelchen des Keimlings entsteht die Wurzel, aus der Knospe der Sproß, der nach oben wächst, und es erscheinen dann Blätter, Blüten, Äste und Zweige.

In dieser zweiten Periode der Entwicklung höherer Pflanzenarten vollziehen sich chemische Vorgänge, die weit mannigfaltiger sind als die vorhin beschriebenen Erscheinungen. Verfolgen wir Einzelheiten allgemeiner Art: Es findet als ein weiterer Lebensvorgang auch ein Verbrennungsprozeß statt, d. i. die Atmung (Sauerstoffaufnahme und Kohlendioxydabgabe), denn es atmen alle Teile der Pflanze: die Wurzeln, der Stamm, die Blätter und die Blüten, auch die Knollen und Samen. Neben diesem Vorgang geht jedoch ein anderer Vorgang von prinzipieller Wichtigkeit vor sich, das ist die Aufnahme von Kohlendioxyd und Wasser und die Reduktion dieser Kohlensäure mit Hilfe des Sonnenlichtes (als Energiequelle) in den chlorophyllführenden und Enzyme enthaltenden grünen Pflanzenteilen.

Die Botanik nennt den Vorgang: **die Assimilation der Kohlensäure durch die Pflanze.** Die Chemie kennzeichnet diese Reaktion als einen Reduktionsvorgang, weil dabei Sauerstoff weggenommen wird, mithin ein sauerstoffärmeres Produkt entsteht:

$$\underset{\text{Kohlendioxyd}}{CO_2} + \underset{\text{Wasser}}{H_2O} = \underset{\text{Kohlensäure}}{H_2CO_3}$$

$$H_2CO_3 - \underset{\text{Sauerstoff}}{O_2} = \underset{\text{(d. i. das Reduktionsprodukt, hier Formaldehyd).}}{CH_2O}$$

Manchmal — so nämlich auch hier — vereinigen sich mehrere Moleküle des Reaktionsproduktes zu neuen Körperklassen; die Chemie nennt diesen Vorgang Polymerisation. So können sich Kohlenhydrate, wie Stärke und Zucker, bilden:

$$6\,CH_2O = \underset{\text{Zucker}}{C_6H_{12}O_6}$$

$$x(C_6H_{12}O_6) - H_2O = \underset{\text{Stärke}}{y(C_6H_{10}O_5)}\,{}^{1)};$$

es können aber auch Fette, Harze, organische Säuren u. a. m. entstehen, kurz alle die organischen Substanzen, die Kohlenstoff, Wasserstoff und Sauerstoff, herrührend von Kohlendioxyd und Wasser, enthalten, die aber frei sind von Stickstoff.

Es sind in der Hauptsache Kohlenhydrate, die solcher Art gebildet werden und die sich dann zu anderen chemischen Bestandteilen der Pflanze vornehmlich in enzymatischen Vorgängen umwandeln. Zum besseren Verständnisse der folgenden Erzählungen sei daher eingeschaltet, daß sich die hauptsächlichsten der hier in Betracht kommenden Kohlenhydrate, in großen Zügen beurteilt, einteilen lassen in:

a) Monosaccharide, $C_6H_{12}O_6$, darunter Dextrose (= Glukose, Traubenzucker, Stärkezucker, Krümelzucker), Fruchtzucker (Lävulose, Fruktose), Mannose, Galaktose u. a.

b) Disaccharide, $2\,C_6H_{12}O_6$ — Wasser $(H_2O) = C_{12}H_{22}O_{11}$, darunter Rohrzucker, Milchzucker, Malzzucker (Maltose), Isomaltose u. a.

---

[1]) E. Bauer tritt dafür ein, daß Formaldehyd (CH_2O) nicht direkt zu Kohlenhydraten polymerisiert werde; nach ihm entstehen Zwischenglieder, für die z. B. in unreifen Früchten die folgende Stufenleiter anzugeben ist:

Kohlensäure → Oxalsäure → Ameisen- und Glyoxylsäure → Glykol-, Äpfel-, Zitronensäure → Kohlenhydrate

Die Säuren stehen miteinander und mit dem Formaldehyd durch einfache Reaktionen in Verbindung, die bei gewöhnlicher Temperatur und in verdünnten wässerigen Lösungen stattfinden. Diese Bausteine der Kohlenhydrate bilden dann auch den Ausgangspunkt zu der Eiweißsynthese.

c) Trisaccharide, $C_6H_{12}O_6 + C_{12}H_{22}O_{11} = C_{18}H_{32}O_{16}$, darunter Raffinose (Melitriose), Gentianose, Melezitose, Stachyose.

d) Polysaccharide, $x(C_6H_{12}O_6)$ — Wasser $(H_2O) = x(C_6H_{10}O_5)$, darunter Stärke, Glykogen, Dextrin, Gummi, Zellulose, Inulin, Lävulin, Lichenin u. a.

Die aufgezählten Kohlenhydrate sind Hexosen und Polyhexosen.

Der Begriff der Kohlenhydrate ist damit nicht erschöpft. Es gibt auch minder kohlenstoffreiche Kohlenhydrate, z. B. die in der Natur weit verbreiteten Pentosen $(C_5H_{10}O_5)$, ferner Tetrosen $(C_4H_8O_4)$, Triosen $(C_3H_6O_3)$ und eine Diose $(C_2H_4O_2)$, sowie künstlich dargestellte kohlenstoffreichere Kohlenhydrate: Heptosen $(C_7H_{14}O_7)$, Oktosen $(C_8H_{16}O_8)$ und Nonosen $(C_9H_{18}O_9)$.

Die Kraft des Sonnenlichts ist zur Bildung der Reduktionsprodukte der Kohlensäure in den höher entwickelten Pflanzen unbedingt notwendig[1]; sie geht dabei nicht etwa als Kraft verloren, sondern sie wird aufgespeichert einmal in diesen Produkten selbst, zu deren Entstehung sie nötig war und bei deren Verbrennung außerhalb des Pflanzenorganismus sie nach thermochemischen Berechnungen sich als Wärme wieder kundgibt, und sie wird außerdem aufgespeichert als potentielle Energie oder chemische Spannkraft des freiwerdenden Sauerstoffs.

Den im Wasser lebenden Pflanzen mangelt weder Sauerstoff noch Kohlendioxyd; beide Gase werden ihnen durch das Wasser vermittelt, das sie aus der Atmosphäre entnimmt. Enthält daher schon reines Wasser annähernd 0,03 Proz. Kohlendioxyd gelöst, so erhöht sich dieser Prozentsatz noch bei Fluß- und Meerwasser infolge ihres Gehaltes an doppeltkohlensauren Salzen (Bikarbonaten), da die

---

[1]) Das Sonnenlicht läßt sich in eine große Zahl verschiedener Strahlen zerlegen (s. S. 62). Ohne Zweifel übt eine jede dieser Strahlenarten auf chemische Umwandlungen der Stoffe des Planeten Erde vielfach eine Wirkung aus. Die Beantwortung der Frage welcher der Strahlenarten jeweilig die Einzelreaktion der chemischen Welt zuzuschreiben sein wird, harrt noch der Beantwortung durch das Laboratoriumsexperiment; daher ist in dieser Schrift Lichteinwirkung mit Sonnenstrahlenergie da zusammenfallend beschrieben, wo nicht ausdrücklich auf die eine oder die andere Art der Lichtstrahlen insbesondere hingewiesen wird.

In diesem Sinne beanspruchen u. a. auch die roten, blauen und braunen Pigmente, welche das Chlorophyll der Algen so häufig begleiten, ein besonderes Interesse. Denn wahrscheinlich müssen — wenigstens in sehr zahlreichen Fällen — die Lichtverhältnisse, unter denen die Algen leben, mit der physiologischen Funktion der Farbstoffe in Zusammenhang gebracht werden. Nach Berthold reicht die Algenvegetation im Golf von Neapel bis höchstens 120 oder 130 m unter den Wasserspiegel herab. Schon in diesen Tiefen wird die Lichtintensität so gering, daß die Algenvegetation überhaupt erlischt. Es sind nur gewisse zu den Rotalgen gehörende Formen, welche die dunkelsten Tiefen bewohnen; ebenso finden sich in beschatteten Grotten u. a. nur Florideen, die also offenbar noch bei geringsten Lichtintensitäten gedeihen. Die Mehrzahl der Braunalgen bevorzugt hingegen die besser beleuchteten Küstengewässer, während die Grünalgen im allgemeinen die hellsten Regionen bewohnen.

verschiedenen Bikarbonate sich bald in höherem, bald in geringerem Grade dissoziationsfähig erweisen.

Folgt man den berechtigterweise aufsehenerregenden Untersuchungsresultaten des Chemikers R. Willstätter, so spielt im Chlorophyll der Magnesiumgehalt (etwa 3 Proz.) eine überaus wichtige Rolle. Willstätter bezeichnet als Chlorophylline die Klasse komplexer Magnesiumverbindungen saurer Natur, die bei der Hydrolyse des Chlorophylls mit Alkali entstehen.

Das Chlorophyllpigment der Pflanzen darf als ein Gemisch zweier nahe verwandter Bestandteile angesehen werden: eines blaugrünen $C_{55}H_{72}O_5N_4Mg$ (Chlorophyll a)[1]) und eines gelbgrünen $C_{55}H_{70}O_6N_4Mg$ (Chlorophyll b)[2]). Im chemischen Laboratoriumsexperiment spaltet sich bei der gelinden Einwirkung von Säure organisch gebundenes Magnesium ab und es entsteht das Phaeophytin (identisch mit Chlorophyllan, Phyllogen), das als Ester zu gelten hat. Es kann in einen Phytol benannten Alkohol[3]) und in Phytochlorine[4]) und Phytorhodine[5]) zerlegt werden[6]). Letztere Produkte sind im Gegensatze zum Phytol stickstoffhaltig; sie enthalten den gefärbten Kern des Chlorophylls: das Phytochromin; ihre Bildung beruht nicht auf einer einfachen Esterverseifung, sondern auf einer weitgehenden Spaltung des Phaeophytins. Als gelbe, stickstoffreie Begleiter des Chlorophylls wurden von Willstätter, auch schon von Berzelius, A. Arnaud u. A.): Karotin

---

[1]) $[C_{32}H_{30}ON_4Mg](CO_2CH_3)(CO_2C_{20}H_{39})$.

[2]) $[C_{32}H_{28}O_2N_4Mg](CO_2CH_3)CO_2C_{20}H_{39})$.

[3]) Ein einwertiger, primärer, ungesättigter stickstofffreier Alkohol der Fettreihe; er hat die Formel $C_{20}H_{39}.OH$, ist zu annähernd 33% im Chlorophyllmolekül enthalten und ein konstanter Bestandteil aller Pflanzenklassen.

[4]) In indifferenten Lösungsmitteln: grün.

[5]) In indifferenten Lösungsmitteln: rot.

[6]) Ein Enzym der chlorophyllhaltigen Pflanzen, die Chlorophyllase, das bei der Bildung des Chlorophylls in den Pflanzen aller Wahrscheinlichkeit nach Anteil hat, vermag aus dem Chlorophyll der frischen oder auch getrockneten Blätter bei Gegenwart von Alkohol Phytol abzuspalten (Alkoholyse des Chlorophylls) unter gleichzeitiger Aufnahme des Äthylalkoholrest, wodurch „kristallisiertes Chlorophyll" entsteht (Überführung von Phytylchlorophyllid in Äthylchlorophyllid). $(C_{31}H_{29}N_4Mg)(CO_2H)(CO_2CH_3)(CO_2C_{20}H_{39}) + C_2H_5OH = C_{20}H_{39}OH + (C_{31}H_{29}N_4Mg)(CO_2H)(CO_2CH_3)(CO_2C_2H_5)$. An Stelle von Magnesium kann auch Kupfer, Zink oder Eisen treten, und so chlorophyllähnliche bzw. chlorophyllähnlich wirkende — also die Assimilation fördernde — Körperklassen bilden.

($C_{40}H_{56}$)[1] und Xanthophyll ($C_{40}H_{56}O_2$; Oxyd von Karotin)[2] isoliert. Sie kommen wohl in jedem Blattgrün vor.

Ein dritter stickstoffreier Farbstoff ist mit der Bezeichnung Fucoxanthin aus Braunalgen gewonnen worden (R. Willstätter und H. J. Page); seine Formel ist $C_{40}H_{54}O_6$. Gegenüber anderen Farbstoffen tritt er in den Braunalgen durch seine Menge wesentlich in den Vordergrund.

Ungefärbte Begleiter sind: Pflanzenwachse, Fette, fettsaure Salze u. a. m.

Vielleicht, daß Karotin an der Atmung teilnimmt; es ist nämlich außerordentlich verbreitet, nimmt leicht Sauerstoff auf und könnte somit als Sauerstoffüberträger dienen, dies um so mehr, als Karotin nicht nur Xanthophyll bilden kann, sondern als Xanthophyll noch 36,5 Proz. Sauerstoff aufzunehmen vermag.

Mit den Forschungsergebnissen Willstätters und seiner Schüler fallen die lange Zeit angenommenen Chlorolezithinhypothesen (Stoklasa, Hoppe-Seyler, Bode, Gautier, Etard), Hypothesen, laut welchen die Chlorophyllderivate phosphorhaltig sein sollten. Nach Willstätter und seinen Mitarbeitern ist es ausgeschlossen, daß irgendeine Pflanze ein phosphorhaltiges Blattgrün enthält. Der Nachweis des Magnesiums in Chlorophyll aller Pflanzenklassen gibt aber Veranlassung zu der Annahme, daß bei der Assimilation der Kohlensäure dem Magnesium eine Bedeutung beizumessen sein wird.

Experimente von A. Muntz zeigen, daß der Ernteertrag bei richtiger Bewässerung usw. in schattigen Jahren ebenso groß ist wie in sonnigen Jahren; es scheint also, daß die Assimilation lediglich durch die Kohlensäuremenge begrenzt ist und nicht etwa in einem absoluten Verhältnisse zur Stärke des direkten Sonnenlichtes steht. Wenn nun aber der Pflanze das Licht ganz entzogen wird, so bleibt der Kohlensäureassimilationsprozeß stehen. Der Versuch zeigt, daß eine im Dunkeln wachsende Pflanze zwar in die Höhe schießt; sie bleibt aber weiß und ist arm — doch nicht etwa

[1]) Der Kohlenwasserstoff kommt auch in der Möhre (Daucus carota) vor und er ist isomer mit dem Lykopin, dem Farbstoff der Tomate, dem er aber chemisch nicht sehr nahe steht.

[2]) Isomer mit dem als Lutein bezeichneten gelben Körper des Hühnereidotters.

frei — an Kohlenhydraten. Solche unter Abschluß der direkten Sonnenlichtstrahlen erzeugte blasse Flora ist u. a. manchmal in Kohlenbergwerken zu beobachten. Bei der Verfolgung der chemischen Vorgänge im Wachstum der Pflanzenwelt verstehen wir bald die ungewöhnlich energischen Kräfte zu bewerten, die zur Zerlegung der Kohlensäure in Anwendung gebracht werden müssen, Kräfte, die in unseren Laboratorien zu erzeugen uns bisher mit praktischem Erfolge noch nicht gelungen ist. Von der Erörterung einiger theoretischer Erfolge glaube ich an dieser Stelle absehen zu können.

Es gibt aber auch Pflanzen, welche die Kohlensäure der Atmosphäre nicht zu assimilieren vermögen. Sie gehören zu den sogenannt niedrig entwickelten Pflanzen. Unter ihnen nenne ich hier zunächst die Pilze. Ihnen muß organische, Kohlenstoff und Sauerstoff enthaltende Substanz in Form löslicher Kohlenhydrate durch den Erdboden oder in anderen, vielleicht einfacheren gebauten Formen durch die Luft zugeführt werden. Bacillus pantotrophus, Bacillus oligocarbophilus, Oospora lactis, Aspergillus repens und gewisse andere niedere Organismen ernähren sich solcher Art mit Luft, die z. B. Kohlenoxyd, Wasserstoff oder Formaldehyd (HCOH) oder Essigsäure (CH_3COOH) u. a. m. enthält (Kaserer, Beijerinck, van Delden, M. Grimm). Zwischen den untersuchten Mikroorganismen besteht jedoch ein merkbarer Unterschied in der Anpassungsfähigkeit. Da nun in analoger Art die meisten der uns gut bekannten niederen Pilze auch ohne Chlorophyll aus organischen Substanzen, die die Gruppe CH_2 und CHOH enthalten, Kohlenhydrate, Fette u. a. aufbauen, so folgt daraus, daß die Bildung von Kohlenhydraten, Fetten und Eiweißstoff nicht etwa nur den grünen Pflanzen, sondern auch den nichtgrünen Pflanzen eigen ist. Wohl aber werden fast ausschließlich in den grünen Pflanzen die zur Synthese notwendigen Atomgruppen durch Reduktion von Kohlensäure unter Vermittelung des Chlorophylls, gewisser Pflanzenenzyme und der Sonnenlichtenergie geschaffen (E. Pflüger).

Schließlich gibt es auch Pflanzen, die Anhänger einer gemischten Kost sind. Fast alle rein gezogenen Grünalgen (Krüger, Beijerinck, Artari, Pringsheim, Treboux), viele Diatomeen (O. Richter, Meinhold), die Euglenen (Zumstein, Pringsheim, Ternetz) haben sich auf organischen Substanzen züchten lassen; sie vermochten im Lichte neben der Kohlensäureverarbeitung auch noch organische Substanzen aufzunehmen (nach O. Richter, Chem. Zeitung, Naturw. Rundschau 1913, S. 120).

Haben wir somit bis jetzt Pflanzen kennen gelernt, die

a) Kohlensäure mit Hilfe des Chlorophylls, Sonnenstrahlenenergie und anderer Energiekräften assimilieren,

b) solche, die als chlorophyllfreie Pflanzen nur Reduktionsprodukte der Kohlensäure ohne Licht verarbeiten (unter Umständen polymerisieren),

c) solche, die den bei a) genannten Vorgang einerseits und den bei b) genannten Vorgang andererseits in ihrem Organismus vollziehen lassen,

so muß darauf hingewiesen werden, daß es

d) aber auch noch einige wenige Pflanzen gibt, die als niedere „chlorophyllfreie" Organismen dennoch und zwar im Dunkeln imstande sind, Kohlensäure in ihrem Organismus zu reduzieren und die Reduktionsprodukte zu komplizierten Komplexen zu polymerisieren.

Unter diesen sind die Bakterien Thiobacillus thioparus und Thiobacillus denitrificans zu nennen; sie sind im Kanalwasser und im Kanalschlamm in großen Mengen vorhanden (Beijerinck). Ähnliches soll für gewisse andere Salpeterbakterien und für gewisse Bakterien des Meerwassers nachgewiesen worden sein (Nathansohn).

Das Verwittern von Felsen ist daher nicht bloß auf atmosphärische Einflüsse zurückzuführen, sondern auch auf die Minierarbeit von solchen Bakterien, die außer der anorganischen Nahrung, die der Fels bietet, nur noch der Kohlensäure der Atmosphäre bedürfen, um lebensfähig zu bleiben. Am Faulhorn (in der Schweiz) sind solche Bakterien zahlreich in dem morschen Gestein nachgewiesen worden. Bei der Oxydation von Ammoniak zu Salpetersäure durch die Nitrobakterien wird kalkiges Gestein ebenfalls leicht zur Auflösung und Rißbildung kommen (P. Lindner, l. c. S. 8).

Die Auslösung der Energiekräfte, welche zu der Reduktion der Kohlensäure führen, sind noch nich einwandfrei gedeutet.

Da uns Menschen die höher entwickelten Pflanzen mehr in die Augen fallen als die in und auf der Erdkruste massenhaft vorkommenden niederen Pflanzenorganismen (z. B. Bakterien), so pflegt man die Kohlensäure-Assimilation mit Hilfe des Chlorophylls und anderer Energiekräfte als den Hauptvorgang der Kohlenstoffverarbeitung im Pflanzenleben zu kennzeichnen. Es zeigt uns jedoch die Gesamtbetrachtung der Kohlenstoffverarbeitung in Pflanzenorganismen in wie mannigfacher Weise die Natur ihre Energiekräfte auszunützen versteht und wir werden bei späteren Erzählungen über den Aufbau der Stickstoffsubstanz (z. B. Eiweiß) Gelegenheit haben, Betrachtungen analoger Art anzustellen. Schon jetzt kann aber betont werden: es gibt in der Natur kaum ein scharf abgegrenztes Gebiet in den Arten der Verarbeitung von Einzelstoffen; schon die Art der Verarbeitung der Kohlensäure in den Pflanzen legt nahe, daß sich ehedem Übergänge von der einen Art der Verarbeitung zu der anderen Art der Verarbeitung im Zufallsspiel der Natur langsam von selbst geschaffen haben, daß die Arbeitsteilung in der Einzelzelle und deren einfachsten Verbänden ehedem wohl gegeben war und daß erst in ganz komplizierten Zellenverbänden die Verarbeitung der Bestandteile der Atmosphäre in besonders eigenartiger Form vor sich geht. Zu ergründen wie dann in diesem gesamten komplizierten Aufbau der Zellen verschiedene chemische Umwandlungen nebeneinander verlaufen, ist eine der schwierigsten Aufgaben des Wissenschaftlers.

Während des normalen Wachstums der Pflanzen finden, wie schon angedeutet, nicht nur die genannten Vorgänge der Kohlensäureassimilation und Atmung statt. In gewissen Bestandteilen der Pflanze ist auch Stickstoff enthalten. Ich nenne nur das Eiweiß, von dem sich in allen Pflanzenarten wechselnde Mengen vorfinden, daher wir stickstoffarme und stickstoffreiche Pflanzen kennen.

Stickstoffaufnahme der Pflanzen.

Woher nimmt die Pflanze den Stickstoff bzw. die stickstoffhaltige Substanz, um aus ihr ebenfalls auf synthetischem Wege komplizierte Verbindungen — wie das Eiweiß — aufzubauen?

Die Atmosphäre besteht zurzeit im wesentlichen aus Stickstoff und Sauerstoff, und zwar zu 78,1 Volum-Proz. aus Stickstoff und zu 20,9 Volum-Proz. aus Sauerstoff; daneben enthält sie Kohlendioxyd und minimale Mengen an anderen Gasen (siehe S. 21).

Der Stickstoff der Atmosphäre ist ein nur schwer reaktionsfähiger Körper. In den höheren Pflanzen tritt er nicht in Wirkung. Folglich muß der Pflanze Stickstoff aus einer anderen Quelle zugeführt werden und das geschieht durch die Bodenkörper. Wenn der Landmann den Ackerboden neu bearbeitet, dann pflegt er ihm natürlichen oder künstlichen Düngerstoff unterzumischen, um ihm Ersatz zu verschaffen für die Einbuße, die der Acker bei der vorangegangenen Saatentwicklung erlitten hatte. In diesen Düngestoffen muß daher u. a. auch stickstoffhaltige Nahrung vorhanden sein; sie ist es, die dem neuen Pflanzenleben die Synthese von Eiweiß und anderen stickstofführenden Körpern ermöglicht.

Der ganze Bau der Pflanze besteht aus Zellen. Und im System dieser Zellenhäufung können durch Lösung trennender Querwände Gewebe entstehen, die dem Auf- und Absteigen von Säften dienlich sind. In der nebenstehenden Abbildung ist angedeutet: der Zellkern, ohne den die Zelle nicht leben kann, Zellsaft, der Nährstoffe, Farbstoffe u. a. gelöst enthält und das Zellprotoplasma, das neben dem Zellkern als Sitz der Lebensfunktionen der Zelle angesprochen werden darf. Wenn aneinander gelagerte Zellen ihre Querwände durch Lösung verlieren, bei anderen die Querwände siebartig durchbohrt erscheinen, so entstehen röhrenartige Zellfusionen, welche die Beförderung von Flüssigkeit wesentlich erleichtern (Gefäßbündel).

In den Düngestoffen ist die Stickstoffsubstanz in den verschiedenartigsten Formen enthalten; in den natürlichen Düngestoffen findet sie sich zumeist als Abbauprodukt der Eiweißkörper, in den künstlichen Düngestoffen als Chilesalpeter ($NaNO_3$), Kalisalpeter, Ammonsalz u. a. m. vor.

Ist nun eine jede Art von Stickstoffnahrung durch den Pflanzenorganismus verarbeitungsfähig? Beispielsweise um aus dieser Stickstoffnahrung und den durch Assimilation aus Kohlendioxyd und Wasser gebildeten Kohlenhydraten in Gemeinschaft mit Schwefel und Phosphor anorganischer Nährsubstanz Eiweißstoffe aufzubauen? Die Antwort hierauf lautet bestimmt: Nein. Zwar zeigt uns der praktische Versuch die Wirkung der gewöhnlichsten der Düngestoffe, der Jauche und anderer Abfallprodukte — ich erinnere an die Gepflogenheiten beim Bestellen des Ackerbodens, auch an Zweck und Pflege der Rieselfelder —, doch

Abbildung 14.
Zelle aus einem Staubfadenhaar von Tradescantia virginica. Vergrößert.
(Aus E. Straßburger u. M. Koernicke: Das kleine botanische Praktikum. Jena 1913. Gustav Fischer.)

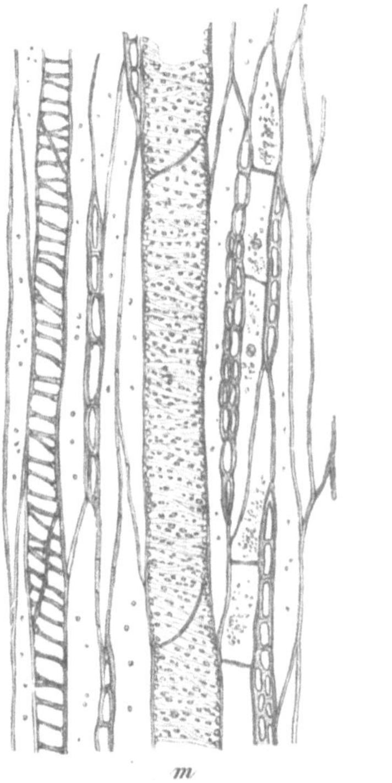

Abbildung 15.
Tangentialer Längsschnitt aus dem Holz von Tilia parvifolia. Vergrößert. *m* Gefäß.

lehrt das eingehende Studium, daß die in diesen Düngungsstoffen vorhandenen Ammoniakverbindungen oder ammoniakartigen Verbindungen in nur seltenen Fällen als solche, vielmehr fast immer nicht als solche, sondern erst nach der Überführung in Nitrate für die Pflanze wirksam sind. Und diese Überführung besorgen im Ackerboden gewisse Mikroorganismen, die als einzellige Gebilde unter dem Namen Bakterien bekannt sind.

Die Bakterienenzyme verwandeln die Eiweißstoffe der Düngung zuerst in Albumosen, Peptone, dann in Aminosäuren;

aus diesen wird meist Ammoniak abgespalten, das dann unter der Wirkung der Enzyme anderer Bakterien bis zu Salpetersäure oxydiert wird.

Es gibt also Bakterien, welche die Fähigkeit haben, das Ammoniak (NH_3) zu salpetriger Säure (Nitriten) zu oxydieren:

$$2\,NH_3 + 3\,O_2 = N_2O_3 + 3\,H_2O;$$

und es gibt daneben Bakterien, welche die gebildeten salpetrigsauren Salze zu salpetersauren Salzen (Nitraten) weiter oxydieren:

$$\underset{\text{(im Nitrit)}}{N_2O_3} + 2\,O = \underset{\text{(im Nitrat)}}{N_2O_5}.$$

Im Gegensatze dazu gibt es aber auch Bakterien, welche die Eigenschaft haben, die soeben erzeugten Nitrate zurückzuverwandeln zu Nitriten bzw. Ammoniak:

$$N_2O_5 \rightarrow N_2O_3 \rightarrow NH_3.$$

Das sind also Salpeterzerstörer [1]).

Unter anderem haben sich gewisse Bestandteile der Koniferennadeln als besonders gute Energiequelle für nitratzersetzende Mikroben erwiesen. Also ist der Boden der Nadelholzwälder für die Entwicklung solcher Pflanzen nur wenig geeignet, die den Stickstoff zum Aufbau organischer Substanz, z. B. Eiweiß, benötigen. Aber auch der Umstand, daß gewisse andere Bestandteile des Nadelholzes, z. B. Ameisensäure, ätherisches Öl und Harz Giftwirkungen auf manche Kleinwesen der Pflanzenwelt und auf manche höhere Pflanzen ausüben, scheint zu erklären, warum die Vegetation der Nadelholzwälder gegenüber der Vegetation der Laubholzwälder zurücksteht (A. Koch).

Daß der Ertrag auf dem Ackerboden daher nicht unwesentlich von der Gegenwart günstig wirkender Bakterienarten abhängt, ergibt sich aus alledem.

Jetzt wird dem Leser klar, daß bei der Verwendung künstlicher Düngemittel insbesondere der Salpeter eine große Rolle spielen muß neben den Ammonsalzen, welch letz-

[1]) Nach den Untersuchungen von O. Baudisch und E. Mayer vermag auch die Sonnenbelichtung aus Nitrat- wie Nitritlösung Sauerstoff abzuspalten und zwar kommt diese Wirkung insbesondere den ultravioletten Strahlen zu. Alkoholische und aldehydische Kaliumnitritlösungen wurden durch Sonnenbelichtung so verändert, daß dabei Formhydroxamsäuren, dann Stickoxydul, Ammoniak, Methylamin, allgemein aminartige und höhere stickstoffhaltige Verbindungen entstanden. Daß sich der Prozeß auch in der grünen Pflanze abspielt, ist nicht erwiesen.

tere in den Kokereien, den Leuchtgasfabriken und in anderen Industrien als Nebenprodukt erzeugt und von diesen an die Landwirtschaft abgegeben werden.

Nunmehr habe ich den Leser soweit vorbereitet, um sagen zu können: Und dennoch gibt es einige Organismen der Klasse der Bakterien und der Pilze, die imstande sind, den Stickstoff der Luft zu organischen Stickstoffkomplexen zu verarbeiten. Ich erachte es für wahrscheinlich, daß diese Klasse der Pflanzenorganismen vermöge eines Enzyms befähig ist, den „molekularen" Stickstoff der Atmosphäre in „atomistischen" Stickstoff zu spalten. In diesem Zustande ist dann der Stickstoff assimilierbar und reaktionsfähig zur Bildung von Verbindungen. Solcherart tritt er in die Reduktionsprodukte der assimilierten Kohlensäure bzw. in den molekularen Kohlenhydratkörper ein, um die Bausteine für das Eiweiß zu schaffen. Die Tatsache der Stickstoffassimilation ist für die Kultur der Pflanzen von großer Wichtigkeit.

Die Übertragung des von den Mikroorganismen assimilierten Luftstickstoffs auf die höheren Pflanzen kann nun verschiedenartig erfolgen; sie vollzieht sich entweder in der Symbiose durch schmarotzende Pflanzen oder durch selbständig vegetierende Pflanzen; in letzterem Falle kommt die Wirkung fast einer Bodendüngung gleich.

Mit dem Namen Symbiose bezeichnet man eine Vergesellschaftung mehrerer Arten von Organismen. Die uns interessierenden Formen der Symbiose sind Vorgänge, in welchen niedere stickstoffassimilierende Organismen mit höheren Pflanzen sich zusammentun. Letzteren geht, wie wir gesehen haben, die Fähigkeit zur Bindung und Verwertung des elementaren Stickstoffs ab. Indem sie sich in einer bestimmten Entwicklungsstufe der Symbiose dieser stickstoffassimilierenden Organismen bemächtigen, kommt der Stickstoff der Luft mittelbar der höheren Pflanze zugute.

Für die Praxis von größter Bedeutung ist derjenige Fall, in welchem stickstoffassimilierende Bakterien sich in den Wurzeln höherer Pflanzen, z. B. den Leguminosen, ansiedeln, sie zur Bildung knöllchenartiger Geschwülste bringen und nach lebhafter Stickstoffassimilationstätigkeit zum Teil wenigstens den Zellen der höheren Pflanze zum Opfer fallen. Selbst auf Böden, welche an Nitrat sehr arm sind, sehen wir Leguminosen gedeihen, da diesen durch ihre Symbionten geeignete Stickstoffverbindungen zugeführt werden, so daß die

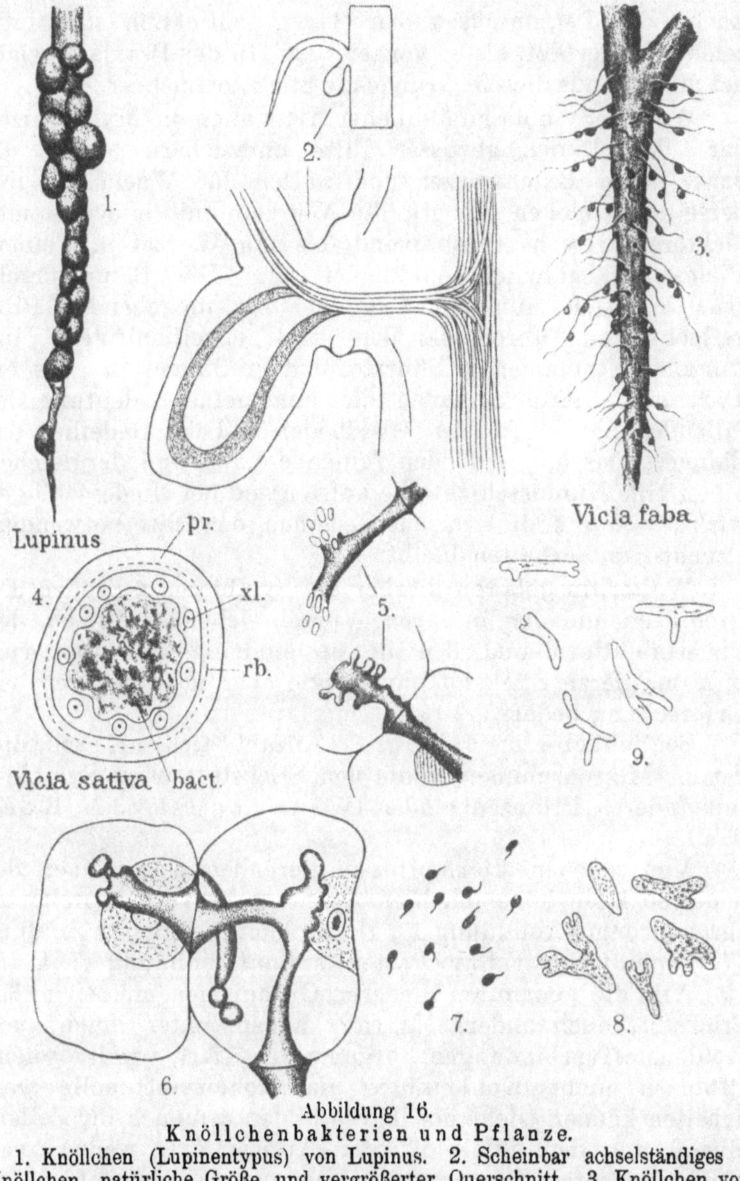

Abbildung 16.

Knöllchenbakterien und Pflanze.

1. Knöllchen (Lupinentypus) von Lupinus. 2. Scheinbar achselständiges Knöllchen, natürliche Größe und vergrößerter Querschnitt. 3. Knöllchen von Vicia faba (Robiniatypus). 4. Querschnitt durch Knöllchen von Vicia sativa, pr = prim. Rinde; mit rb = Rindenbakterien; xl = Xylemstränge; bact. = Bakteroidengewebe. 5. Fadenstück mit Bakteroiden. 6. Zellen mit Fäden von Trif. pannonicum. 7. bis 9. Bakteroidenformen von Soja, Vicia und Melilotus. (Aus P. Vageler: Bindung des atmosphärischen Stickstoffs. Braunschweig 1908. Vieweg & Sohn).

Zucht der Leguminosen den Boden schließlich stickstoffreicher hinterläßt, als er vorher war. In der Praxis bezeichnet man sie aus diesem Grunde als Stickstoffmehrer.

Andere Symbiosen ähnlicher Art stellen die Mykorrhizen dar. Myzelfäden gewisser Pilze umwuchern bereits die ganz junge Baumwurzel und halten im Wachstum mit derselben gleichen Schritt, die Wurzeln mit einem immer dichteren Gewebe umspinnend, bis die Wurzel mit einem Pilzmantel gänzlich umkleidet ist. Die Baumwurzeln ernähren sich nunmehr von dem sie umgebenden Pilzgeflecht und führen die den stark eiweißhaltigen Pilzwurzeln entnommenen Nährstoffe dem Baume zu. Es erklärt sich hierdurch auch die ungemeine Bedeutung des fallenden Laubes für den Waldboden und das Gedeihen der Bäume. Das am Erdboden faulende Laub und dergleichen bildet eine Humusschicht, die aufsaugend bei Niederschlägen wirkt, wodurch die für das Gedeihen der Pilze notwendige Feuchtigkeit erhalten bleibt.

Weiterhin gehören hierher die Symbiosen zwischen den Orchideen und den in ihren Wurzeln lebenden Pilzen, den Pavettablättern und den in sie eindringenden Bakterien u. a. m., deren Stickstoffphysiologie aber noch der genauen Erforschung bedarf.

Schließlich gibt es eine große Anzahl Stickstoff assimilierender Mikroorganismen, die den Stickstoff ohne Symbiose mit anderen Pflanzen binden (W i n o g r a d s k y, A. K o c h u. a.).

Von solchen stickstoffassimilierenden Organismen der heutigen Erde hebe ich hier besonders hervor: Azotobacter chroococcum (Abbildung 17, 1), Azobacter agilis (Abbildung 17, 2 und 3), Clostridium Pasteurianum (Abbildung 17, 4—7).

Alle die genannten niederen Organismen müssen außer Stickstoff auch andere Nahrung haben, unter ihnen auch Kohlenstoffverbindungen organischer Art, weil solche Pflanzen nicht Kohlensäure als Kohlenstoffquelle verarbeiten können (siehe oben). Sie bilden demnach ihr Zelleneiweiß aus dem Stickstoff der Atmosphäre, wenn ihnen Kohlenhydrate oder andere geeignete Kohlenstoff- und Wasserstoffverbindungen als Nährstoffe zur Verfügung stehen. Hier spielt die Zellulose von Pflanzenresten eine wichtige Rolle, die durch die enzymatische Tätigkeit gewisser Bakterien (z. B. einiger Stallmistbakterien) in lös-

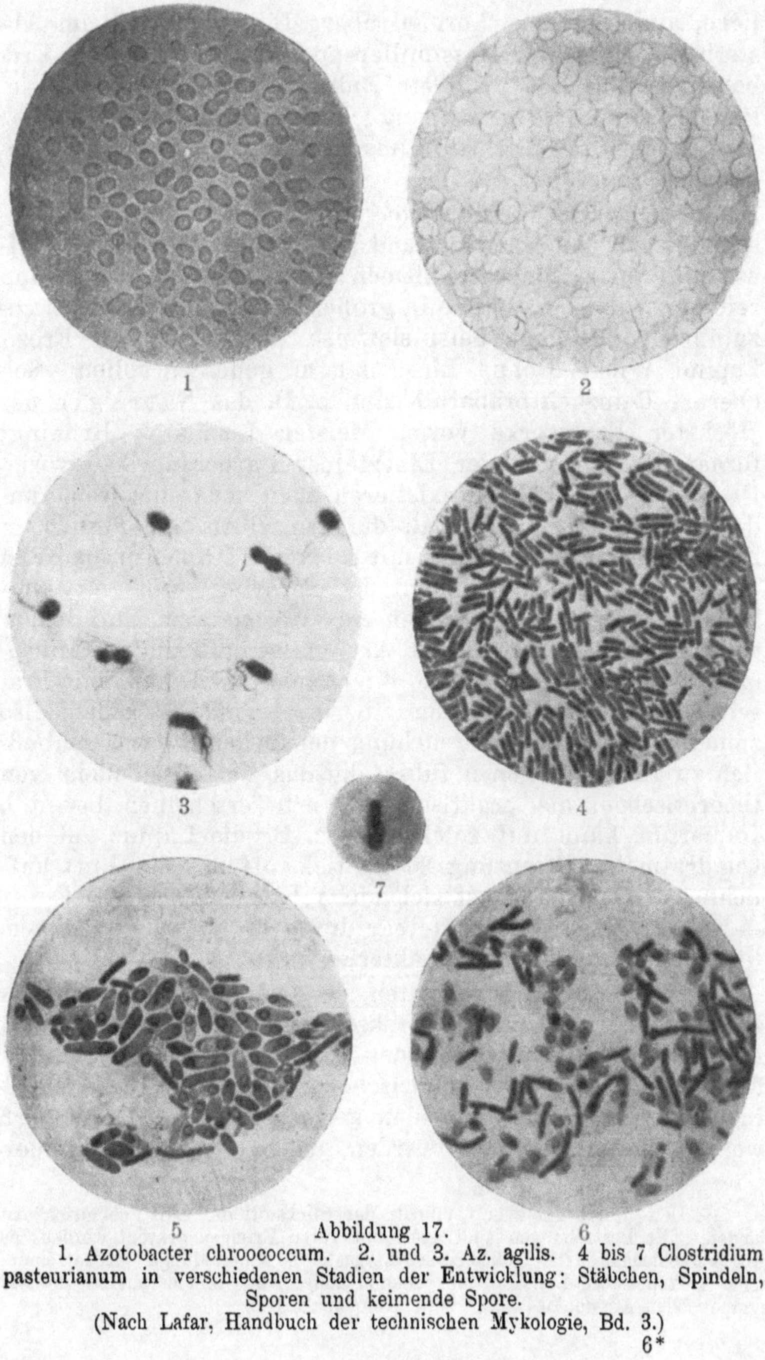

Abbildung 17.

1. Azotobacter chroococcum. 2. und 3. Az. agilis. 4 bis 7 Clostridium pasteurianum in verschiedenen Stadien der Entwicklung: Stäbchen, Spindeln, Sporen und keimende Spore.

(Nach Lafar, Handbuch der technischen Mykologie, Bd. 3.)

liche, assimilierbare Formen übergeführt wird. Beim Absterben des stickstoffassimilierenden Organismus im Erdboden zerfällt das gebildete Bakterieneiweiß zur assimilationsfähigen Pflanzennahrung. Auch solcher Art wird dem Waldboden viel Stickstoff aus der Atmosphäre als Baumnahrung zugeführt.

Es wird den Leser nicht wundern, wenn ich nun einschalte, daß Menschenverstand auf die Idee kam, stickstoffassimilierende Mikroorganismen zu sammeln und sie dann rein zu züchten, um sie so in großen Mengen dem Boden zuzuführen, woselbst beispielsweise Kleearten oder Erbse, Lupine, Wicke, Bohne, Linse u. a. m. gedeihen sollen. Solcherart Reinzuchtpräparate sind z. B. das Nitragin der Höchster Farbwerke vorm. Meister Lucius & Brüning; ferner das Alinit der Elberfelder Farbenfabriken vorm. Fr. Bayer & Co. Doch existieren auch noch eine Reihe andere Präparate im Handel, die demselben und ähnlichem Zwecke dienen sollen. Der mit solchen Reinzuchtpräparaten erzielte Erfolg ist nicht ganz der erwartete, wohl vornehmlich deshalb, weil in manchen Ackerböden trotz Einführung der Reinkulturen genannter Art, massenhaft andere Mikroorganismen vorhanden sind, die oftmals im Kampf ums Dasein jenen durch ihre Menge überlegen sind. Es bedarf also zumeist erst einer Untersuchung der Bodenart, was schließlich zu Komplikationen führt, die das Verfahren mehr von theoretischem als praktischem Werte erscheinen lassen [1]. Immerhin kann auf solche Art z. B. die Lupine auf den Quadratmeter Pflanzung 20 g Stickstoff aus der Luft aufnehmen. Das berechnet sich auf 1 ha zu 200 kg Stickstoff — wiederholt betont, mittelbar durch die Mikroorganismen, hier durch die Knöllchenbakterien.

Mir scheint, daß zu Zeiten, da eine Art Pflanzenwuchs zu entstehen begann, die direkte Aufnahme des Stickstoffs in die Reduktionsprodukte der Kohlensäure leichter stattfand, weil damals atmosphärischer Stickstoff wohl reichlich in aktiver Form vorhanden gewesen sein wird. Es darf wohl auch angenommen werden, daß zu jenen Zeiten der

[1] Demzufolge hat man versucht, den Stickstoff der Luft „chemisch“ zu binden. Die Bestrebungen sind auch mit guten Erfolgen gekrönt worden; es gibt verschiedene Arten solcherweise hergestellte Mineraldünger (Nitrat einerseits, Kalkstickstoff d. i. Kalziumzyanamid andererseits und daraus wie mittels synthetischen Ammoniaks hergestellte Ammoniaksalze).

Wasserstoff und der Sauerstoff der Atmosphäre teilweise aktiviert war, so zwar, daß die Bedingungen zur Bildung zustandswechselfähiger Komplexe von Kohlenstoff-, Wasserstoff-, Sauerstoff-, auch Stickstoffverbindungen gegeben war.

Das organische Sein auf dem Planeten Erde — die chemischen Umwandlungen der Komplexe — ist zeitbeschränkt; es vergeht, wie später gezeigt werden wird, nach Art der Zusammensetzung der Atmosphäre in einer sehr fernen, doch logisch absehbaren Zeit. —

Als Ergänzung sei nun noch eingefügt, daß es einige wenige Pflanzenarten gibt, die imstande sind, die ihnen zugeführte organische Substanz durch aus besonderen Drüsen ausgeschiedene Verdauungsflüssigkeiten teilweise zu lösen und als Nahrung aufzunehmen. So vermag die Nepenthes mit ihrer krug- bzw. kannenförmig gestalteten Blattspreite Insekten zu fangen, in der am gleichen Ort von Drüsen abgesonderten sauren Verdauungsflüssigkeit zu ertränken und zu einer für den Pflanzenorganismus aufnahmefähigen Substanz zu zerlegen.

Ähnlichen Zwecken dient auch die eigenartige Gestalt des Blattes des in Deutschland, u. a. auf unseren Mooren, vorkommenden Sonnentaues, Drosera rotundifolia.

Es spielen sich hierbei chemische Vorgänge enzymatischer Art ab, auf die ich in dem späteren Abschnitt, der das enzymatische Geschehen in der Natur zusammenfassend beschreibt, zu sprechen kommen werde.

Mineralstoffe des pflanzlichen Organismus.

Verbrennen wir eine Pflanze oder einen Pflanzenteil, so werden Kohlenstoff, Wasserstoff, Sauerstoff und Stickstoff derselben gasförmige Verbindungen eingehen; als Verbrennungsprodukte entstehen vor allem Kohlendioxyd und Wasser. Der Versuch zeigt aber, daß jeweilig dennoch feuerfeste Körper zurückbleiben, wenn auch in vielen Fällen in verhältnismäßig nur geringen Mengen. Es sind das Körper anorganischer Art (Mineralstoffe). Da man die Erzeugung anorganischer Gebilde durch den Vegetationsprozeß nicht annehmen kann, so müssen diese Mineralstoffe dem Pflanzenorganismus durch den Boden zugeführt werden. Es sind hauptsächlich kali-, kalk-, magnesia- und phosphorsäurehaltige Düngestoffe, daneben aber auch solche, die Eisen- und Natriumverbindungen, Silikate, Sulfate, Chlor- und Jodverbindungen in der wasserlöslichen Form enthalten und die vom Ackerbodenschlamm adsorbiert werden, um dann allmählich durch die Wurzelhaare der Pflanze aufgesaugt zu werden. Ihr Transport erfolgt also von Zelle zu Zelle durch Osmose und namentlich durch die Gefäße. In den Zellen wird ein Ausgleich der Konzentrationen stattfinden, gleichsam wie wenn in mehreren mit Flüssigkeiten gefüllten Bassins durch Röhrenverbindungen bei gleichem Druck ein überall gleich hoher Stand der Flüssigkeitssäule bewirkt wird. Sind die Druckverhältnisse ungleich, so hebt sich in der einen Zelle das Niveau der Flüssigkeit und es senkt sich dann das Niveau in der anderen Zelle. Exosmotische Vorgänge in Wurzelorganen besorgen die Entfernung unverwendbarer Mineralstoffe u. a.; die Pflanzenblätter geben dem Wasser — auch dem mit gelösten Salzen, Säuren u. a. versehenen Wasser — reichlich Gelegenheit zur Verdunstung.

Es scheint, daß Kalziumverbindungen vornehmlich für die Zellhautbildungen der höheren Pflanzen unentbehrlich sind (Böhm, Mangin, Molisch). In einem besonderen Verhältnis zur Kalziumsalznahrung steht ein notwendiger Verbrauch von Magnesiumsalz (O. Löw, Aso, v. Portheim, Samec) und dies nicht nur bei höheren Pflanzen, sondern auch bei den meisten Pilzen. Bei einem zu geringen Magnesiagehalt des Bodens hilft die Phosphorsäuredüngung nichts (O. Löw). Phosphor- und Schwefelverbindungen sind neben viel Stickstoffsalzen für die Eiweißbildungen unentbehrlich. Die Alkaliverbindungen (Kali- und Natronverbindungen) spielen ebenfalls eine wichtige Rolle. Eisenmangel bewirkt Bleichsucht der Pflanze (Chlorose); auch für Mikroorganismen, z. B. Pilze, ist Eisen notwendig (Molisch, Benecke). Zwischen den Pflanzengattungen und der anorganischen Natur (den Mineralstoffen) bestehen gewisse Gesetzmäßigkeiten; die chemische Untersuchung ergibt nämlich, daß die Pflanze auf allen Bodenarten dieselbe Klasse von Mineralstoffen aufzunehmen pflegt. Betreffs der Mineralstoffe selbst und der Bodenart bestehen physikalische Beziehungen derart, daß unter Umständen die in Wasser an und für sich löslichen Mineralsalze in der Form von Doppelsalzen oder durch Adsorptions-, auch Absorptionsvorgänge für Wasser weniger löslich werden. Gips bildet z. B. mit Ammoniaksalzen Doppelverbindungen, die in Wasser viel weniger löslich sind als die Einzelteile. Ton, Eisenhydroxyd u. a. zeigen insbesondere adsorbierende Eigenschaft. Die feinen Wurzelspitzen entziehen dann langsam, doch kontinuierlich dasjenige, was der Pflanze als Nahrung nötig ist.

Umwandlungen organischer Substanz in der Pflanze.

Auf der Wanderung von Zelle zu Zelle im Saftstrom erleiden auch die organischen, also kohlenstoff-, wasserstoff-, sauerstoff- und zum Teil stickstoffhaltigen Stoffe häufig eine Umänderung; so wird die in den chlorophyllführenden Zellen mit Hilfe von Sonnenlicht und Enzym aus Kohlendioxyd und Wasser gebildete Stärke durch gewisse Enzyme umgewandelt zu in Wasser löslichen und dadurch transportfähigen Zuckerarten, um entweder als Verbrauchsmaterial zur Atmung zu dienen, oder um, wie in der Zuckerrübe, gelegentlich aufgespeichert zu werden, oder endlich, um durch entgegengesetzt wirkende Enzyme zu Stärke zurückverwandelt und als solche aufgespeichert zu werden. Aufspeicherung von Stärke bedeutet einen Überschuß der assimilatorischen Tätigkeit über den Verbrauch. Es verwandelt sich Stärkesubstanz durch gewisse Enzyme aber auch in Fette, Öle, organische Säuren, Gerbstoffe, Harze u. a. m., und umgekehrt verwandeln sich diese zum größeren Teile unter Wirkung besonderer Enzyme nach Bedarf wieder zurück zu Stärke. Ganz eigenartig ist ein reiches Vorkommen von Glykogen in den Pilzen. Glykogen ist ein stärkeähnliches Kohlenhydrat. In den höheren Pflanzen kommt die Substanz nur selten vor. Die Fette (Neutralfette) sind Reservestoffe, die zu gelegener Zeit als Energiequelle dienen. Fett kommt in allen Organteilen der Pflanze vor, seine Menge ist aber je nach der Jahreszeit verschieden. H a u p t s ä c h l i c h bildet sich Fett freilich in den Samen und Früchten aus den anfänglich als Stärke vorhandenen Kohlenhydraten; in unterirdischen Achsenorganen pflegt nur selten ein hoher Fettgehalt sich vorzufinden. Die Eiweißstoffe oder eiweißähnlichen Stoffe, wie sie in der ganzen Pflanze — nicht etwa nur in blattgrünenthaltenden Zellen — aus kohlenhydratartigem Material und Stickstoff-, sowie Schwefel- und Phosphorverbindungen gebildet werden, wandern meist in den in Wasser löslichen Amidoverbindungen (z. B. Asparagin), um am Orte der Ablagerung in Eiweiß zurückverwandelt zu werden. Endlich: Eiweiß als solches wandert aber auch in den Siebröhren. Stärke und Eiweißstoffe wandern den wachsenden Knospen, Wurzeln, Blüten und Früchten oder den schon angedeuteten Reservebehältern (Samen, Knollen, Zwiebeln u. a. m.) zu.

Bei der Zuckerrübe machte L. Lindet die Beobachtung, daß die Zellen der Blattstiele und Blattränder während der kräftigen Atmung unter den einfachen Zuckerarten die Dextrose als Verbrennungsstoff vorziehen, dagegen Lävulose, wenn es sich um die Umwandlung zu Zellulosegewebe handelt. Das Gleiche soll auch bei der Atmung und Gärung durch Oberhefe, keimende Embryonen und aërobe [1]) Pilze zutreffen.

Auch viele Abbauprodukte des Eiweiß, zum Teil vermutlich Produkte der enzymatischen Wirkungen, durchsetzen den Pflanzenorganismus. Unter diesen Abbauprodukten spielen viele Alkaloide — das sind Körper basischer Art — eine wesentliche Rolle.

Man betrachtete diese Alkaloide lange Zeit als Endprodukte des pflanzlichen Stoffwechsels, die auszuschalten seien; sie glichen in dieser Hinsicht den Auswurfstoffen der Tiere und Menschen. Diese Ansicht scheint indessen eine irrige zu sein. Wohl dürfen viele der Pflanzenbasen als umgewandelte Abbauprodukte der Eiweißsubstanz gedeutet werden, andere jedoch haben die Berechtigung als Aufbaukörper der Assimilationsprodukte zu gelten. Unter anderen sprechen sich C. Cimician und C. Ravenna hierzu wie folgt aus: Es ist wohl anzunehmen, daß einige der einfacheren Pflanzenbasen als Abbaustoffe auftreten, insofern sie sich direkt oder mit wenigen Veränderungen aus den großen stickstoffhaltigen organischen Komplexen ableiten lassen. Dazu könnte man rechnen die Alkylamine vorläufig bis zum Isoamylamin und Trimethylamin; Cholin, Muskarin und Betain; Putreszin und Tetramethylputreszin; Guanidin; die Purinbasen: Xanthin, Theophyllin, Theobromin, Koffein, Hypoxanthin, Adenin; außerdem p-Oxyphenyläthylamin, Hordenin (in Malzkeimen), Pyrrolidin und n-Methylpyrro-

[1]) Aërobe Mikroorganismen sind diejenigen, welche zu ihrer Existenz den Luftsauerstoff bedürfen; anaërobe Mikroorganismen sind diejenigen, welche unter Sauerstoffabschluß leben.

lin; Stachydrin und vielleicht noch einige andere Pflanzenstoffe. Von den komplizierten Alkaloiden dürften wohl einige aus diesen Abbauprodukten entstehen können[1]), wie dies A. Pictet, Winterstein und Trier annehmen, doch daß alle Pflanzenbasen einen solchen Ursprung haben, ist nicht wahrscheinlich[2]). Manche Alkaloide werden also aus jeweiligen Zweckmäßigkeitsgründen für die Pflanze in der Natur gebildet worden sein und darum lassen sich diese nicht etwa als Endprodukte im Stoffwechsel des lebenden Pflanzenorganismus auffassen.

Die Farbstoffe der Pflanze, unter denen wir bereits das grüne Chlorophyll und seine gelben Begleiter, auch einen braunen Körper, kennen gelernt haben, sind teils Kohlenstoff-Wasserstoff-, teils Kohlenstoff-Wasserstoff-Sauerstoffverbindungen; weniger häufig sind sie auch stickstoffhaltig, wie z. B. das Chlorophyll. Aus den Assimilationsprodukten der Pflanze bzw. deren Reduktions- und Polymerisationskörpern gebildet, grenzt ihre Zahl ans Unendliche. Ihre genaue Entstehungsweise ist einstweilen so gut wie unbekannt.

In neuester Zeit haben sich R. Willstätter und seine Mitarbeiter in der Erforschung nicht nur des schon erörterten Pflanzenfarbstoffs Chlorophyll und seiner gelben und braunen Begleiter (siehe oben), sondern auch noch anderer in der pflanzlichen Natur vorkommender Farbstoffe verdient gemacht. Willstätter wendet eine alte Bezeichnung für gewisse Pflanzenfarbstoffe, nämlich den Ausdruck „Anthozyan" für zahlreiche, durch ihn als stickstoffrei erkannte Farbstoffe basischer Natur an; die untersuchten Farbstoffe führen Kohlenstoff, Wasserstoff und Sauerstoff. Solche Anthozyane sind fast immer glykosidartiger Natur; sie können im Laboratorium durch Erhitzen mit Säure — in der Natur schon mittels Enzyme — in Zuckerart und die eigentliche Farbkomponente gespalten werden. Letztere bezeichnet Willstätter als „Anthozyanidin".

Wie erfreut uns an schönen Sommertagen die blaue Kornblume: in ihren Randblüten tritt das dem Auge so angenehme reine Blau, in den Scheibenblüten ein Violett, bald Rot-Violett, bald Blau-Violett hervor. Überall dasselbe An-

[1]) Vielleicht Kokain, Atropin u. a.
[2]) Chemiker-Zeitung, 1913, S. 1157,

thozyan und dasselbe Anthozyanidin als Farbstoff; nur die chemische Bindungsart ist verschieden! Blau ist das Alkalisalz, hier das Kaliumsalz des Zyanin benannten Anthozyans, rot ist die Verbindung dieses Zyanins mit Pflanzensäuren [1]) und violett ist das freie Zyanin. Aber auch farblos kann das Zyanin werden, dann, wenn es unter gewissen Bedingungen sich in eine isomere — also prozentual gleich zusammengesetzte — Verbindung umwandelt (Willstätter und A. E. Everest).

Und welche Einheit beherrscht die Farbenskala der Natur! Das Rot der Rose ist nichts anderes als der Farbstoff Zyanin der Kornblume in seiner Verbindung mit Pflanzensäuren (W. und Nolan); im Laboratorium wird das Anthozyan der Rose in das Anthozyanidin Zyanidin $C_{15}H_{10}O_6$ und in den Zucker Glykose $C_6H_{12}O_6$ gespalten. Die Preiselbeere enthält das Idaein an Säure (Zitronensäure, Benzoesäure, Gerbsäure) gebunden; es ist beinahe identisch mit dem Kornblumen-Zyanin, denn im Laboratorium wird es in Zyanidin $C_{15}H_{10}O_6$ und die Zuckerart Galaktose $C_6H_{12}O_6$ zerlegt (W. und Mallison). Und die Scharlach-Pelargonie enthält ein Anthozyan, das im Laboratorium zu Pelargonidin (Anthozyanidin) $C_{15}H_{10}O_5$ [2]) und eine Zuckerart aufgeteilt wird (W. und Bolton). Die Anthozyane der Blüte des Rittersporns (Delphinium consolida) sind komplizierter zusammengesetzt; das Anthozyan Delphinin der violetten Blüte kann im Laboratorium in das Anthozyanidin Delphinidin $C_{15}H_{10}O_7$ [3]) Glykose und p-Oxybenzoesäure zerlegt werden; in den blauen Blüten und in den Früchten der Pflanze sind außerdem Anthozyane vorhanden, die sich von Methyläthern des Delphinidins ableiten (Willstätter und Mieg). Dem Anthozyan der Weintraube, Oenin benannt, entspricht als Anthozyanidin das Oenidin der Formel $C_{17}H_{14}O_7$; es kann chemisch — durch Abspaltung zweier Methyle — in Delphinidin übergeführt werden (W. und Zollinger). Isomer mit diesem Anthozyanidin ist dasjenige der Waldmalve (Malvidin), das mit Glykose verbunden als Anthozyan auftritt (W. und Mieg). Der Farbstoff der Heidelbeere und

[1]) Auch die im Laboratorium mit Mineralsäuren erzeugten Zyaninkomplexe sind rot.

[2]) Das Molekül enthält also ein Atom Sauerstoff weniger als das Molekül Zyanidin.

[3]) Das Molekül enthält also ein Atom Sauerstoff mehr als das Molekül Zyanidin.

derjenige der Stockrose (schwarze Malve) sind Monoglykoside, denen dasselbe Anthozyanidin (Myrtillidin benannt) zugrunde liegt (W., Martin und Zollinger). Verschieden von dem Anthozyan der Heidelbeere ist also das Anthozyan der roten Weintraube; beide Farbstoffe wurden bisher von vielen Chemikern als identisch angenommen.

Willstätter findet Beziehungen seiner als Anthozyane und Anthozyanidine bezeichneten Körper zu vielen der gelben Pflanzenfarbstoffe; unter den letzteren sind Körper, die mit den studierten Anthozyanidinen isomer sind[1]); daher wird zukünftig die Überführung der einen Art von Farbstoffen in die andere Art von Farbstoffen auch im Laboratorium des Chemikers möglich werden.

Solche gelbe Farbstoffe leiten sich z. B. vom Flavon, $C_{15}H_{10}O_2$, ab[2]):

Dioxyflavon, $C_{15}H_{10}O_4$ [2]), ist ein in den Knospen mehrerer Pappelarten vorkommender Farbstoff, Chrysin benannt; Trioxyflavon, $C_{15}H_{10}O_5$ [2]), findet sich als Apigenin in der Petersilie und in Form des Glykosids Apiin in dem Sellerie; Tetraoxyflavon, $C_{15}H_{10}O_6$ [2]) ist das Luteolin, der gelbe Farbstoff des Wau und der Fingerhutblätter.

Andere Farbstoffe sind Abkömmlinge des Flavonols, d. i. Oxyflavon $C_{15}H_{10}O_3$ [3]):

Galangin $C_{15}H_{10}O_5$ (Dioxyflavonol) findet sich neben Kämpferol (Trioxyflavonol, $C_{15}H_{10}O_6$) in der Galangawurzel, Morin (Tetraoxyflavonol, $C_{15}H_{10}O_7$) im Gelbholz, Myrizetin (Pentaoxyflavonol, $C_{15}H_{10}O_8$) in der Rinde von Myrica nagi. Blüten wie Stengel von Delphinium zalil, eines in Afghanistan wachsenden Krautes, liefern den indischen „Asbarg“ zur Seidenfabrikation und zum Baumwolldruck; er enthält Querzitrin als Glykosid, dem sich die Farbstoff-

[1]) Zyanidin ist isomer mit Luteolin und Kämpferol; Pelargonidin ist isomer mit Apigenin und Galangin; Delphinidin ist isomer mit Querzetin und Morin.

[2]) Die Stammsubstanz des Flavon ist das γ-Benzopyron (Chromon)

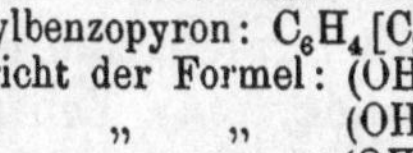

= $C_6H_4[C_3H_2O_2]$;

Flavon ist β-Phenylbenzopyron: $C_6H_4[C_3O_2 . H . (C_6H_5)]$
Dioxyflavon entspricht der Formel: $(OH)_2 . C_6H_2[C_3O_2 . H . (C_6H_5)]$
Trioxyflavon „ „ „ $(OH)_2 . C_6H_2[C_3O_2 . H . (C_6H_4 . OH)]$
Tetraoxyflavon „ „ „ $(OH)_2 . C_6H_2[C_3O_2 . H . C_6H_3 . (OH)_2]$

[3])

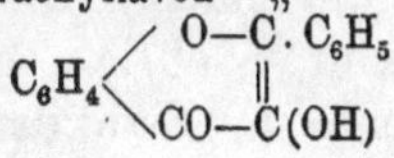

komponente Querzetin $C_{15}H_{10}O_7$ als ein Abkömmling des Flavonols abgewinnen läßt; er enthält außerdem Abkömmlinge des Querzetins, z. B. Isorhamnetin (Methylquerzetin) und andere Körper.

Zahlreiche andere Farbstoffe sind aus Pflanzen isoliert und untersucht worden.

Im Rot- oder Fernambukholz ist das Brasilin $C_{16}H_{14}O_5$ vorhanden, das in alkalischen Lösungen an der Luft karminrote Färbung annimmt unter Bildung von Brasilein $C_{16}H_{12}O_5$.

Im Blauholz, dem Kernholz von Haematoxylon campechianum, findet sich das Hämatoxylin $C_{16}H_{14}O_6$; es verursacht mit Basen violettblaue Lösungen, dabei Hämatein $C_{16}H_{12}O_6$ bildend.

Die Wurzel der Krapppflanze (bei uns Färberröte genannt; Rubia tinctorum und andere Arten) enthält mehrere Glykoside, von denen sich Stoffe mit Farbcharakter ableiten. Eines derselben, die Ruberythrinsäure (identisch mit Rubian) vermag in Gegenwart gewisser in der Krappwurzel sich vorfindender Enzyme, auch schon in Gegenwart verdünnter Säure oder verdünnter Alkalilösungen, Wasser aufzunehmen, wobei es sich in Alizarin und eine Zuckerart, die Dextrose, zerlegt. Alizarin, d. i. Dioxyanthrachinon ($C_{14}H_8O_4$), ist der Farbstoffträger. Neben ihm wirken als Krappfarbstoffe noch Trioxyanthrachinon (Purpurin) und in untergeordneter Weise auch andere dem Alizarin verwandte Körper. Der Farbstoff erzeugt mit den in den Gewerben als Farbstoff b e i z e benutzten Metallverbindungen schön gefärbte Lacke. Diese Lacke sind die eigentlichen Krappfarbstoffe der regelrecht behandelten Wolle und Baumwolle. Der Tonerdelack ist rot, der Zinnlack orange, der Eisenlack schwarzviolett, der Chromlack violett. Auch in der Türkischrotfärberei, woselbst der Faserstoff (tierischer oder pflanzlicher Art) mit Türkischrotöl, d. i. Rizinusölschwefelsäure, vorbehandelt wird, entstehen bei der Behandlung mit Krappfarbstoff die schönen Nüancen.

Indigofarbstoff wird dargestellt aus einem Bestandteile der Indigopflanze, Indigofera tinctoria Ostindiens; sie ist vornehmlich in Bengalen, außerdem in China, Japan, auf den Philippinen, in Zentralamerika, Brasilien, Java und anderen Ländern angebaut. Daneben kommen als indigofarbstoffliefernd hauptsächlich in Betracht: der in China einheimische, auch im Kaukasus gepflanzte Färberknöterich (Polygonum tinctorium), der in Indien gepflegte Oleander (Nerium tinctorium) und in untergeordnetem Maße, doch nur weil in der Ausbeute an Farbstoff zurückstehend, der in Frankreich, Deutschland und England angepflanzte Waid (Isatis tinctoria). Die indigoführenden Gewächse werden in gemauerten und zementierten Kufen aufgeschichtet und mit Wasser übergossen. Durch eine Art Gärung geht dann eine Substanz in Lösung, die der Flüssigkeit fast Olivenfarbe verleiht. Die Flüssigkeit wird nun in andere Kufen übergeführt und ihr mittels Rührwerks Luftsauerstoff zugeführt, worauf blauer Indigofarbstoff ($C_{16}H_{10}O_2N_2$) als Pulver sich abscheidet. Diese Abscheidung wird gesammelt und durch kurzes Kochen mit neuen Mengen Wassers gereinigt.

Die Chemie hat erkannt, daß sich in den genannten Pflanzen eine Substanz vorfindet, welche Indikan benannt wurde. Dieselbe erleidet in den Kufen durch ein in den Pflanzen vorgebildetes Enzym — aber auch schon durch verdünnte Säuren — eine Zerlegung in Indoxyl und Dextrose. Ersteres verändert sich durch den Luftsauerstoff zu Indigo (Oxydation). Dabei ist eine gute Oberflächenwirkung, daher ein Schlagen oder Rühren der im Wasser aufgeschlämmten Suspension notwendig. Demnach kommt der blaue Farbstoff in der Pflanze nicht etwa vorgebildet vor; er bildet sich erst in den Kufen[1]).

In den Samen von Bixa orellana befindet sich der Orlean, in den Blumenblättern der Farbdistel (Carthamus tinctorius), dem Safflor, und im Saffran, den getrockneten Narben von Crocus sativus, der schön gelbe Farbstoff, das Krozin, in der Tomate das Lykopin. Diese beiden letzteren Farbstoffe erinnern an die Farbstoffe der Gruppe der Karotene, mit denen sie isomer sind, also die gleiche elementare Zusammensetzung $C_{40}H_{56}$ zeigen, jedoch eine diesen unterschiedliche Gruppierung der Atome im Molekül besitzen. Solche Farbstoffe sind in vielen Blüten und Früchten enthalten.

Kaum besser geklärt als die Bildung der Farbstoffe ist die Entstehungsweise der ätherischen Öle der Pflanzen. Ätherische Öle sind Gemenge von Terpenen und Sesqui-

[1]) Es ist den Chemikern nach mühevollen Arbeiten gelungen, den Indigofarbstoff im Laboratorium künstlich aufzubauen. Dadurch hat sich Europa von dem tropischen Indigoimport unabhängig gemacht, der ehedem jährlich wohl 50—60 Millionen Mark verschlang.

terpenen mit Riechstoffen. Den Terpenen kommt die Formel $C_{10}H_{16}$, den Sesquiterpenen die Formel $C_{15}H_{24}$ zu. Sie sind demnach Kohlenstoff-Wasserstoffverbindungen (Kohlenwasserstoffe). Ihnen gesellen sich die Riechstoffe als Verbindungen von Kohlenstoff, Wasserstoff und Sauerstoff zu.

Von Terpenen seien hier genannt: Pinen, Sabinen, Kamphen, Fenchen, Limonen, Dipenten, Terpinolen, Sylvestren, Terpinen, Phellandren; von Sesquiterpenen: Bisabolen, Zingiberen, Kadinen, Karyophyllen, Humulen, Santalen, Zedren, Kloven.

Unter den Riechstoffen spielen vornehmlich eine Rolle: Alkohole (z. B.: Terpineol, Linalool), Ester der Alkohole (z. B.: Essigsäure-Zimtester, Linalylazetat), Ketone (z. B.: Kampher, Fenchon, Thujon), Phenole (z. B.: Eugenol, Thymol), Phenoläther (z. B.: Anethol), Säuren (z. B.: Baldriansäure), auch schwefel- und stickstoffhaltige Substanzen (Sulfide, Nitrile).

Die ätherischen Öle stehen somit zu den Fetten und Ölen der Pflanzen in keinerlei direkter chemischer Beziehung; letztere sind esterartige Verbindungen von Glyzerin mit Fettsäuren.

Noch viele andere Umwandlungsprodukte der Kohlenstoff, Wasserstoff und Sauerstoff enthaltenden, wie der Kohlenstoff, Wasserstoff, Sauerstoff und Stickstoff führenden Assimilationsprodukte können im Pflanzenorganismus verfolgt werden.

Cholesterine heißen gewisse im Pflanzenreich und auch im Tierreich sehr verbreitete stickstoffreie Körper mit Alkoholcharakter; ihre als Phytosterine gekennzeichneten Vertreter der Pflanzenwelt finden sich in geringer Menge in allen Pflanzenteilen.

Lezithine sind wachsartige, doch in Wasser quellbare Massen; in ihrem molekularen Aufbau vereinigt sich das schon S. 88 als Base gekennzeichnete Cholin mit Glyzerin, Phosphorsäure und Fettsäure, z. B. Palmitinsäure, Stearinsäure, Ölsäure in teilweise esterartiger Bindung. Sie finden sich als solche und molekular vereinigt mit Eiweiß (= Lezithalbumine) oder mit Glykosiden (= Protagone) in allen lebenden Zellen, vornehmlich in Samen, Knollen und Knospen. Ihnen fällt im Haushalt des Organismus vermutlich eine wichtige Rolle zu, wenn man auch noch keine sicheren Anhaltspunkte dafür besitzt, in welcher Richtung ihre Hauptbedeutung zu suchen ist. Dem Cholin [1]) $C_5H_{15}NO_2$ des Lezithins entspricht das Muskarin $C_5H_{15}NO_3$ des Fliegenschwamms, das Betain $C_5H_{11}NO_2$ der Runkelrübe, des Baumwollensamens, der Kaskarillarinde und vieler anderer Pflanzenteile. Ein dem Betain chemisch verwandter Körper scheint das Stachydrin $C_7H_{13}NO_2$ der Stachysknollen, der Blätter von Citrus vulgaris u. a. zu sein, das vielleicht ein Derivat der Angelikasäure ist.

Eine Oxy-Zimtsäure $C_9H_8O_3$ [2]) findet sich im Steinklee. Ihr Anhydrid $C_9H_6O_2$ ist außer im Steinklee im Waldmeister, im Ruchgras, in der Tonkabohne und in anderen Pflanzen enthalten; es ist das Kumarin. Dessen Oxydationsprodukt sitzt als Umbelliferon = Oxykumarin $C_9H_6O_3$ in der Seidelbastrinde, als Daphnetin = Dioxykumarin $C_9H_6O_4$, mit Zuckerart zum Glykosid Daphnin verbunden, ebenfalls in Seidelbastarten, auch als Äskuletin im Glykosid Äskulin der Roßkastanie.

Sind auch die chemischen Beziehungen solcher Körper zueinander durch die Laboratoriumstätigkeit des Chemikers aufgeklärt, kennen wir somit einige Bausteine im Gesamtbau der Pflanzenstoffe, so fehlt doch noch bei den erwähnten wie bei vielen anderen absichtlich unerwähnt gelassenen Körpern der Pflanzen die Einsicht in die Entstehungsweise. Sowohl die Einrichtung der pflanzlichen Arbeitsstätten als auch die Weisen der Arbeit in diesen Stätten sind bisher fast unaufgeklärt; ebenso fehlt — es folgt das von selbst — die Kenntnis der die Einzelreaktionen vermutlich jeweilig einleitenden Begleitstoffe. Kurz ausgedrückt: die Synthese im Laboratorium der Pflanzenwelt harrt noch in vielfacher Hinsicht der Erforschung durch den Menschengeist. Die Lehrbücher der organischen Chemie geben uns in systematischen Aufzählungen eine vollständige Übersicht nicht nur aller Kohlenstoffverbindungen, die in der Natur (Pflanzen- und Tierwelt) bisher beobachtet wurden, sondern daneben auch jener Verbindungen, die bis heute nur im Laboratorium

[1]) Cholin hat die Konstitution eines Oxyäthyl-Trimethylammoniumhydroxyds und ist eine vom Glykol ableitbare Ammoniumbase:

$$(OH).(CH_3)_3.N.(CH_2{-}CH_2{-}OH).$$

[2]) o-Oxyzimtsäure $C_6H_4(OH){-}CH = CH{-}COOH$.

des Chemikers erzeugt, doch noch nicht in der Natur vorgefunden wurden und sie erzählen auch wie Menschengeist alle diese Stoffe rein wissenschaftlich in Beziehung zueinander gebracht hat.

Fruchttragen und Reifen

ist ebenfalls mit besonderen chemischen Vorgängen verbunden. Die im vorangegangenen Kapitel gegebenen Schilderungen deuten zum Teil schon solche chemische Umwandlungen an, die während des Fruchttragens und während des Reifens sich vollziehen.

Beim Reifen der Getreidekörner wird Zucker in Stärke verwandelt, in den unreifen, stärkeführenden Obstarten hingegen wird die Stärke allmählich in Zucker übergeführt.

Ein Einzelfall sei ausführlicher skizziert:

Beim Reifen der Weintraube nimmt der anfänglich in bedeutendem Maße gebildete Gerbstoffgehalt ab; Weinsäure und Äpfelsäure, auch deren Salze, treten an dessen Stelle. Dann erst, wenn die Beere beginnt pflückreif zu werden, tritt starke Vermehrung des Zuckers (als Dextrose) auf, der in den chlorophyllführenden Blättern aus Kohlendioxyd und Wasser bzw. Stärke gebildet und von da den Beeren zugeführt wird. Jetzt beginnt auch allmählich eine Abnahme des Gehaltes an freien Säuren. Vor allem ist es die Äpfelsäure, deren Menge stetig abnimmt; sie wird größtenteils bei dem Lebensprozesse der Rebe verbraucht — zu Kohlendioxyd und Wasser oxydiert —, während die freie Weinsäure durch die der Beere mit dem Saftstrom zugeführten Basen (insbesondere Kali) mehr und mehr gebunden wird. Bei vollständiger Reife ist die Stärke in den Fruchtstielen verschwunden; eine Zunahme von Zucker findet dementsprechend in den Beeren dann nicht mehr statt. In der Überreife endlich, wenn die Blätter nicht mehr funktionieren, treten in der Beere durch Mikroorganismen (u. a. Botrytis cinerea) verschiedenartige Zersetzungsprodukte auf; daneben vollzieht sich die Überführung eines Teiles der Dextrose in Lävulose und die Atmung (Oxydationsvorgang).

Die sogenannten G a l l ä p f e l sind die durch die Gallwespe (Cynips Gallae tinctoriae und andere Arten) auf den Trieben der Eiche hervorgerufenen Auswüchse; die weibliche Wespe sticht mit ihrem Legestachel das pflanzliche Organ an und legt ein Ei in das Gewebe. Durch den örtlichen Reiz findet ein größerer Saftzufluß und ein örtlich vermehrtes Zellenwachstum statt. Hierdurch entstehen die Gallen, in deren Mitte die Larve der nach 5—6 Monaten ausschlüpfenden Gallwespe lebt. Der Gerbstoff der gereiften Auswüchse, der oft 60 Proz., auch bis zu 70 Proz. der Masse ausmacht, ist ein enzymatisches Umwandlungsprodukt der Kohlenhydrate.

Welken.

Wenn im Spätsommer die Sonnenstrahlenwärme merklich abnimmt, beginnt ein Nachlassen der Wasserbewegung in der Pflanze. Die von den Wurzelhaaren aufgenommene nährstoffhaltige wässerige Flüssigkeit wird in dem Gefäßsystem der Pflanze nicht mehr in dem Maße gehoben, wie vordem bei sommerlicher Sonnenwärme. Die Blätter der Pflanze, die den Übergang des Wassers in Dampf vermittelten, lassen ihre Assimilationsprodukte (Kohlenhydrate, Eiweißstoffe und deren Umwandlungsprodukte u. a. m.) zu dem Stamme wandern. Ihr Chlorophyll verändert die Farbe, denn die als Oxydasen zu bezeichnenden Enzyme treten in Wirkung. Sie zerlegen das grüne Chlorophyllpigment und es treten nunmehr Begleitstoffe des Chlorophylls in den verschiedensten Nüancen, vom Gelb bis zum Tiefbraun auf. Sie sind es, die uns Menschen das unbeschreiblich schöne Bild der Herbstwaldstimmung einprägen. Diese Blattpigmente wechseln mit der Pflanzenart, wie das auch bei den Farbstoffen der reifen Fruchtschalen der Fall ist.

Erfolgt endlich früh oder spät — nach einjährigem, nach vieljährigem, manchmal über hundertjährigem Pflanzenleben — ein

Absterben,

so unterliegen die nun folgenden Veränderungen den allgemeinen Gesetzen der Auflösung organischer Gebilde. Es tritt ein langsamer Oxydationsprozeß ein; der im Kohlensäureassimilationsprozeß von der Pflanze aufgenommene, in den verschiedensten Weisen mit Wasserstoff, Sauerstoff und Stickstoff zu organischen Stoffen aufgebaute Kohlenstoff wird durch den Sauerstoff der Atmosphäre wieder zu Kohlendioxyd oxydiert und solcherart der Atmosphäre zurückgegeben; der Stickstoff der Eiweißsubstanz und der anderer stickstoffhaltiger Körper bildet Ammoniak und ammoniakartige Verbindungen; der organisch gebundene Wasserstoff oxydiert sich zu Wasser; die Mineralstoffe unterliegen zum Teil den Einflüssen der Atmosphäre und kehren dann zum Erdboden zurück.

Zusammenfassung.

Im Entwicklungsstadium des Keimlings (Keimprozeß) fand Wasseraufnahme, dann durch enzymatische Vorgänge die Lösung eines Teiles der Stärke, des Eiweiß und der Zellulose statt, daneben erfolgte Sauerstoffaufnahme und Kohlendioxydbildung; auch im eigentlichen Wachstum der grünen Pflanze geht ein Oxydationsvorgang — die Atmung — vor sich, doch findet außerdem Aufnahme von Kohlensäure (Kohlendioxyd und Wasser), Reduktion derselben zu sauerstoffärmeren Produkten unter Abgabe von Sauerstoff und Kondensation der so synthetisch gebildeten Stoffe statt (Kohlenhydrate und deren Umwandlungsprodukte). Enzymatische Vorgänge vollziehen die Umwandlung von Kohlenhydraten unter sich, von Kohlenhydraten zu Fetten u. a. m. und gleichzeitig auch Umwandlungen zu Eiweiß und eiweißähnlicher Substanz durch Benutzung stickstoffhaltiger Nährstoffe, bei einigen freilich unter Verarbeitung des atmosphärischen Stickstoffs, der mittelbar gegeben wurde durch niedere pflanzliche Organismen. Der Gesamtaufbau ist ein organisches Gebilde (kohlenstoff-, wasserstoff-, stickstoff-, sauerstoffhaltig) mit anorganischen Durchsetzungen.

Im Absterbeprozeß kehrt die anorganische wie die organische Materie der Pflanze zurück zur Atmosphäre oder zur Erdrinde, denen sie entnommen ward.

Bei sehr vielen Einzelheiten der Veränderungen des pflanzlichen Organismus wird mit einem k o l l o i d a l e n Zustande des Umwandlungskörpers — sei er kolloidale Gallerte, sei er kolloidale Flüssigkeit — gerechnet werden müssen.

b) Enzymatisches Geschehen in der Pflanzen- und Tierwelt.

Mit dem Ausdruck Enzym (Kühne) bezeichnet man eine artenreiche Klasse von Körpern, die sich vermutlich von den Proteinstoffen, insbesondere Eiweißstoffen, ableiten und die eine große Energieauslösung zu verursachen mögen, ohne dabei selbst in Verbrauch zu treten. Sie wirken also wie anorganische Kontaktkörper; ihre Gegenwart genügt, um im Substrat, d. i. dem zu verändernden chemischen Körper, unter gewissen Bedingungen Umänderungen sehr wesentlicher Art vor sich gehen zu lassen. Über die chemische Konstitution der Enzyme wissen wir nur sehr wenig. Während die meisten die Enzyme als leblose Materie ansehen, bezeichnen einzelne andere, darunter Th. Bokorny, diese Körper als sogenannte Plasmasplitter, das sind Plasmareste mit vitaler Kraft, die allerdings die Fähigkeit der Assimilation und Vermehrung nicht mehr haben, wohl aber Wirkungen ausüben, als wären sie im Verband des Zellenorganismus. Jede Zelle enthält Enzyme; in Stoffwechselflüssigkeiten, darunter in jeder Verdauungsflüssigkeit, sind Enzyme tätig.

Unter den Enzymen können wir in großen Zügen unterscheiden, solche mit aufbauender (synthetisierender) Tätigkeit, solche mit abbauender, also spaltender, Tätigkeit; ferner Gärung erregende Enzyme, dann solche, die verändernd wirken durch Sauerstoffzuführung zum Substrat (Oxydasen), endlich solche mit reduzierender Wirkung auf das Substrat (Reduktasen).

Am wenigsten bekannt sind die synthetisierend wirkenden Enzyme; ihre Isolierung stößt auf sehr große Schwierigkeiten.

Die Zahl der Enzyme im Haushalt der Natur grenzt an das Unendliche. Sie gehören einzelnen Teilen des Organismus an. Viele von ihnen hat man vom lebenden Organismus abgetrennt, jedoch ohne daß es gelungen wäre, irgendeines derselben völlig frei von Fremdstoffen zu erhalten. Man beobachtete aber bald, daß die Wirkung dieser gesondert gehaltenen Enzyme weder aufgehoben sei, noch auch fürs erste eine wesentliche Einbuße erlitten habe. Daher hat man sich zu der Ansicht bekehrt, daß alle Enzyme vom lebenden

Organismus abgetrennt werden können, mithin die enzymatischen Wirkungen nicht an den lebenden Organismus gebunden seien, in welchem die Enzyme vorgefunden wurden. Demzufolge ist der Name „geformtes“ oder „organisiertes Ferment“ — für beispielsweise die Hefen als Gärungserreger — veraltet; man kann mit Recht auch sagen: die alte Ausdrucksweise organisiertes Ferment als Gegenüberstellung zu ungeformtem Ferment (= Enzym) ist nach dem heutigen Stande der Wissenschaft eine unkorrekte. In allen diesen Organismen und isolierten Einzelpräparaten gilt als Energieträger nur das Enzym, ob isoliert oder nicht isoliert.

Proenzyme sind Enzyme in sogenannt schlummerndem Zustande; sie werden durch gewisse Substrate in wirksamen Zustand versetzt.

Nun stehen den Enzymen aber auch „Antienzyme“ gegenüber, man könnte sich natürlich auch ausdrücken, den letzteren stehen die ersteren gegenüber. Solche Anti-Körper können als Ausscheidungen oder Abscheidungen bzw. „sekundäre Gebilde allgemein“ betrachtet werden, die sich während der Tätigkeit des Hauptkörpers bilden und die dann eine Abschwächung der „Wirksamkeit“ der Hauptkörper bis zur Unwirksamkeit hervorzurufen vermögen. Über die wirkliche Art der Bildung solcher Anti-Körper sind wir vollkommen im unklaren; es ist nicht ausgeschlossen, daß diese sekundären Körper (Antikörper) molekulare Umlagerungsprodukte der Enzyme selbst sind. Aber es können ebensogut Anreicherungen gewisser durch die Enzyme entstandenen Umwandlungsprodukte des Substrats sein, die eine Abschwächung der „Wirksamkeit“ von Einzelgruppen der Enzyme durch chemische Absättigung hervorrufen, wodurch unter Umständen eine neue Enzymart gebildet wird. In irgendeiner der angedeuteten Arten kann — beiläufig bemerkt — die Entstehung der Immunsera gedeutet werden. Wir sehen im pflanzlichen wie im tierischen Organismus häufig zwei enzymatische Reaktionen — z. B. die eine abbauend, die andere aufbauend — nebeneinander verlaufen. Es drängt sich mir die Ansicht auf, daß im tierischen bzw. menschlichen Körper, auch im Pflanzenorganismus, selbst Antienzyme gebildet werden, die in benachbarte Gewebe oder in benachbarte Gefäßbündel oder auch in weiter liegende Organformen wandern und denen dann dort, falls sie beständig sind, ein Wiederaufbau gewisser chemischer Abbauprodukte obliegt.

Hypothesen wie die soeben ausgesprochene dürfen jedoch nicht laut werden ohne die Betonung, daß wir über die Chemie des Enzyms, ebenso über die eigentliche Art des „in Wirkungtretens“ des Enzyms so gut wie nichts wissen. Mit Sicherheit bekannt ist uns nur, daß diese Körper eiweißartiger Natur sind und wir folgern mit ziemlicher Sicherheit, daß sie der Zellentätigkeit, insbesondere der Protoplasmatätigkeit der Zelle, ihr Dasein verdanken. Diese Überlegung legt aber auch die Hypothese nahe, daß die Enzymwirkungen mit der Protoplasmatätigkeit nicht nur identisch sein können, sondern aller Voraussicht nach identisch sein werden, daß also alle diese vielseitige, in organischen Formen zum Ausdrucke kommende Enzymtätigkeit der Einzelzellen auf die Tätigkeit des Protoplasmas der einzelnen Zellen zurückzuführen sein wird. Die Wirksamkeit der einzelnen von uns Menschen isolierten Enzyme verringert sich während der Aufbewahrung dieser Präparate, ja diese Wirksamkeit verschwindet allmählich fast ganz, wenn das Präparat in trockenem Zustande lange Zeit aufbewahrt wird. Dies könnte sich vielleicht durch eine Änderung des physikalisch-chemischen Zustandes des Enzyms erklären lassen, etwa durch den allmählichen Übergang von kolloidal-aktivem zu einem kompakt-reaktionsträgen Zustande; die Änderung muß vielleicht aber auch ganz andersartig gedeutet werden.

Enzymtätigkeit kann also als zusammenfallend gedacht werden mit der Zellentätigkeit, umgekehrt kann aber die Zellentätigkeit nicht immer ersetzt werden durch eine Enzymtätigkeit; Zellentätigkeit aber ist Lebenstätigkeit. Erwiesenermaßen können wir die protoplasmatischen Eiweißarten ganzer Klassen der Tierwelt und ebenfalls ganzer Klassen der Pflanzenwelt im Anschlusse an biologische Arbeiten durch Reagenzrohruntersuchung unterscheiden, beispielsweise indem wir uns des Eiweißes der Blutkörperchen bedienen (präzipitierende Reaktion).

Spritzt man einem Kaninchen z. B. eine Lösung von Hühnerblutwasser (Serum) oder von Hühnereiereiweiß in die Blutbahn, so entstehen die gegen das injizierte Hühnereiweiß gerichteten Antikörper; das Blutwasser (Serum) des solcher Art behandelten Kaninchens bekommt u. a. die Eigenschaft,

Hühnereiweiß im Reagenzglas auszufällen. Die gebildeten Körper sind spezifisch; sie wirken, im angenommenen Falle, nur gegen Hühnereiweiß, nicht gegen das Eiweiß von Säugetieren, Fischen usw.; zudem ist die Reaktion der Präzipitation so empfindlich, daß sie das Eiweiß noch in Verdünnungen anzeigt, in denen alle die anderen chemischen Erkennungsmittel des Eiweiß versagen. Auf diesem Prinzip der Präzipitation ist eine Methode des Blutnachweises ausgebildet worden, die an Sicherheit und Feinheit Außerordentliches leistet. Man ist mit ihr imstande, von der geringsten Blutspur mit Sicherheit zu sagen, ob dieselbe Bluteiweiß eines Menschen, eines Rindes, eines Schweines, eines Huhnes oder sonst eines Tieres enthält. I n d e n p r o z e n t u a l f a s t g l e i c h a r t i g z u s a m m e n g e s e t z t e n , d o c h i n i h r e m V e r h a l t e n v e r s c h i e d e n a r t i g e n E i - w e i ß k ö r p e r n s i n d d e m n a c h d i e B a u s t e i n e d e s m o l e k u l a r e n K o m p l e x e s i n v e r s c h i e d e n e r W e i s e z u s a m m e n g e f ü g t ; h i e r d u r c h e r k l ä r t s i c h d a s u n t e r s c h i e d l i c h e B i l d , d a s d i e U m - w a n d l u n g e n d i e s e r E i w e i ß k o m p l e x e i n d e r a k t i v e n w i e i n d e r p a s s i v e n D i a t h e s e b i e t e n. Einer zukünftigen Eiweißchemie bleibt es vorbehalten, die Unterschiede im molekularen Bau aller der Körper aufzuklären, die wir heute mit der allgemeinen Bezeichnung Eiweiß umfassen, auch der eiweißgleichen oder eiweißartigen Körper, die wir heute mit dem Sammelnamen Enzym kennzeichnen.

Wenn nun solcherart Unterschiede in Klassen von Tieren und Klassen von Pflanzen bestehen, warum sollte da nicht auch in den Eiweißstoffen des Einzelindividuums differenziert werden können? Solche Modifikationen werden die „lebendigen" Eiweißstoffe der Zelle durch ständig gleiche Funktionsausübung (als Zelleneiweiß, Zellenprotoplasma und dann im gleichen Zellenverband tätig) immer mehr erwerben und in ihrem physikalisch-chemischen Bau, voraussichtlich auch in ihrem „der Funktion nach verschiedenen Atomkomplexgefüge des Moleküls" vererben. Es ist dann also eine Z e l l e n w i r - k u n g , die an der einen Stelle des Organismus aufbauend, an der anderen Stelle abbauend sich äußert, und losgelöst vom Zellenorganismus ist es der Eiweißstoff als solcher (Protoplasmastoff, Protoplasmakörper = Enzym), der „noch für einige Zeit auch außerhalb des Zellenverbandes wirksam bleibt".

Die Zahl der pflanzlichen und tierischen Mikroorganismen, die vermöge ihrer Enzyme bedeutsame chemische Umwandlungen in der Natur ausüben, ist eine ungeheuer große, fast unendlich erscheinende, da ja jeder Organismus mit Lebensfunktion Enzyme führt. Die eingehende Beschreibung des Lebens der Organismen ist Aufgabe der biologischen Lehrbücher. Hier sollen fast ausschließlich die Wirkungen der aus den Organismen isolierten Enzyme beschrieben werden; sie sind sehr häufig nur Teilwirkungen derjenigen Wirkungen, welche eintreten, sobald der das Enzym führende Mikroorganismus in Tätigkeit tritt. Das kommt unter anderem daher, weil diese Organismen nicht nur je ein Enzym, sondern deren mehrere beherbergen.

Mit Rücksicht darauf, daß die synthetisierend (aufbauend) wirkenden Enzyme noch sehr wenig erforscht sind, werde ich an dieser Stelle vornehmlich enzym-chemische Zerlegungen beschreiben.

Hydrolasen.

Es sind Enzyme, die in den molekularen Komplex des Substrats Wassermoleküle einführen und dabei gleichzeitig den molekularen Komplex in mehrere selbständige Komplexe zerlegen.

1. Eiweißverändernde Enzyme:

Man kennt deren mehrere. In ihrer Wirkungsweise unterscheiden sie sich durch Art und Intensität der Spaltung. Bei der tierischen und menschlichen Verdauung pflegt Eiweiß in der Weise gespalten zu werden, daß unter Aufnahme von Wassermolekülen ein Abbau über verschiedene Albumosen bis zu Peptonen und weitergehend erfolgt. Pepsin wirkt in saurer Lösung zerlegend bis zu Pepton; Trypsin wirkt in neutraler oder schwach alkalischer Flüssigkeit zunächst hydrolysierend wie das Pepsin, dann aber auch in noch weitergehendem Maße zerlegend auf das Pepton ein. Das Erepsin des Darms baut das durch Pepsin bzw. Trypsin vorbereitete Eiweißpräparat bis zu einfachen Aminokörpern ab. Diese Enzyme sind im tierischen und menschlichen Organismus vorhanden. Papayotin (Papain) wirkt ähnlich; es wurde im Milchsaft von Carica Papaya (Melonenbaum), sodann auch in Pilzen und in fleischfressenden Pflanzen nachgewiesen.

Die Fäulnis der Eiweißstoffe liefert außer den genannten noch eine Reihe von Produkten, welche sich durch Ammoniakabspaltung bilden. Ihre Entstehung ist auf die Wirkung von Enzymen zurückzuführen, die der großen Klasse der Amidasen zuzurechnen sind und welche die Aminosäuren in flüchtige Säuren oder in Alkohole und in Amine bzw. in Ammoniak spalten. Die Amidasen bilden zahlreiche Arten im Tier- und Pflanzenreich; sie finden sich außer in verschiedenen Teilen der höheren Organismen auch in Schimmelpilzen und Bakterien. Einige von ihnen spielen eine Rolle bei der Keimung der Pflanzen, indem sie die Stickstoffreserven zersetzen.

Anhang.

Nun gibt es auch enzymatische Stoffe, welche die Fähigkeit haben, lebende Zellen zu lösen oder zu töten. Man nennt sie Lysine. Ihre Wirkung beruht entweder in der totalen Lösung der Zellen oder in der Beeinflussung des Protoplasmas derart, daß durch Austritt bestimmter Inhaltsstoffe die Lebensfunktion aufhört, worauf demnächst der Tod der Zelle eintreten wird. Nachträglich fällt dann auch der Rest der Zellen der Zersetzung anheim. Eine eigentliche Hydratisierung von Eiweißstoff bis zu Pepton — wie bei Pepsin — und weitergehend — wie bei Trypsin — findet bei den Lysinen also nicht statt. So enthalten die Tetanusbazillen, das Tetanolysin[1]), ein hämolytisches Enzym, das imstande ist, die roten Blutkörperchen zur Abgabe des Hämoglobins zu veranlassen. Auch für den Anthraxbazillus (Milzbrandbazillus) wurde eine geringe Hämolysinbildung bekannt (Casagrandi; Wunschheim). Lysine sind sodann u. a. aus Staphylokokken als Staphylolysin, lysinähnliche Substanzen aus Diphtheriebazillen, Choleravibrionen, Typhusbakterien, Streptokokken u. a. m. isoliert worden.

Es gibt auch Enzyme, die eine Auflösung der weißen Blutkörperchen herbeiführen. Innerhalb zweier Minuten wird z. B. das weiße Blutkörperchen durch das Leukozidin Vanderveldes, das sich in Staphylokokkenkulturen nachweisen läßt, getötet, so zwar, daß der Zelleninhalt zunächst eine Granulierung, hierauf eine beginnende Lösung

[1]) Nicht zu verwechseln mit Tetanospasmin, ein Toxin, das die Tetanuskrämpfe hervorruft.

dieser Granula und zuletzt ein Verschwinden des Zellkerns zeigt; von der Zelle bleibt eine leere Blase zurück.

Koagulasen.

Es sind Enzyme, die gelöstes oder kolloidal verteiltes Eiweiß in unlösliche Formen überführen (gerinnen machen). Unter sie ist zu rechnen Lab (Chymosin), das Kasein verändert; ferner Fibrinenzym (Thrombose), Myosinenzym. Solcher Art Labenzyme sind außerdem enthalten im Saft des Feigenbaumes, im Extrakt der Blumenblätter, in der Artischocke (als Zynarase) und in vielen Fadenpilzen und Mikroorganismen.

2. Zucker und Stärke, auch Zellulose verändernde Enzyme.

Unter ihnen kommen besonders in Betracht Diastase (Amylase), Zellulase, Pektinase, Gelase, Invertase, Laktase, Trehalase, Raffinase. Ihre spaltenden Wirkungen beruhen ebenfalls auf einer Einführung von Wassermolekülen in den molekularen Komplex des Substrats.

Dementsprechend lassen sich folgende Formelbilder aufstellen:

Für Diastasen:

$$\underset{\substack{\text{Polysaccharid}\\ \text{(hier z. B. als Stärke)}}}{3(C_6H_{10}O_5)} + H_2O = \underset{\text{(Maltose)}}{C_{12}H_{22}O_{11}} + \underset{\text{(Dextrin)}}{C_6H_{10}O_5}$$

Oder mit der Dextrinveränderung nach Synicwsky:

$$1)\ \underset{\text{Ausdruck für Stärke}}{C_{18}H_{27}O_{12}.O_3'.(C_{12}H_{23}O_{11})_3} + H_2O = \underset{\text{Dextrinrest I}}{C_{18}H_{30}O_{14}.O_2(C_{12}H_{23}O_{11})_2} + \underset{\text{Maltose}}{C_{12}H_{22}O_{11}}$$

$$2)\ \text{Dextrinrest I} + H_2O = \underset{\text{Dextrinrest II}}{C_{18}H_{31}O_{15}.O.C_{12}H_{23}O_{11}} + \text{Maltose} + \text{Wasser}$$

$$3)\ \text{Dextrinrest II} + H_2O = \underset{\text{Dextrinrest III}}{C_{18}H_{32}O_{16}} + \text{Maltose} + \text{Wasser}$$

$$4)\ \text{Dextrinrest III} + H_2O = \underset{\text{Maltose}}{C_{12}H_{22}O_{11}} + \underset{\text{Dextrose}}{C_6H_{12}O_6}$$

Gersten- und Weizenstärke werden schneller angegriffen als Kartoffelstärke.

Für Invertasen und Laktasen:

$$\underset{\text{1 Mol.}}{\text{Disaccharid}} + H_2O = \underset{\text{2 Mol.}}{\text{Monosaccharid}}$$

$$\underset{\text{Rohrzucker}}{C_{12}H_{22}O_{11}} + H_2O = \underbrace{\underset{\text{Dextrose}}{C_6H_{12}O_6} + \underset{\text{Lävulose}}{C_6H_{12}O_6}}_{\text{Invertzucker}}$$

$$\underset{\substack{\text{Maltose}\\ \text{(Isomaltose)}}}{C_{12}H_{22}O_{11}} + H_2O = \underset{\text{Dextrose}}{C_6H_{12}O_6} + \underset{\text{Dextrose}}{C_6H_{12}O_6}$$

$$\underset{\text{Milchzucker}}{C_{12}H_{22}O_{11}} + H_2O = \underset{\text{Dextrose}}{C_6H_{12}O_6} + \underset{\text{Galaktose}}{C_6H_{12}O_6}$$

Bei der Keimung des Johannibrotsamens bildet sich ein lösliches Enzym, das die Stärke des Samens wie die Diastase angreift, jedoch unter Bildung von Mannose und Galaktose (Bourquelot und Hérissey).

Andere Enzyme lösen außer Stärke auch Zellulose; es sind die Zellulasen. Solche kommen vor im Extrakt von Aspergillus Oryzae, in Kotyledonen von Lupinus albus, im Endosperm der Datteln, sowie in zahlreichen Vertretern der Bakterienflora des Mistes.

Unser Interesse erregt an dieser Stelle auch die Tätigkeit eines Bazillus, der vermöge seiner Enzyme die Fähigkeit hat, die Interzellularsubstanz des durch Naßfäule krankhaft gewordenen Kartoffelgewebes zu lösen (sog. Pectingärung), worauf beim Hinzukommen eines anderen Bazillus, des Amylobacter Navicula, die Auflösung der Zellwände stattfindet (sog. Zellulosegärung). Der Vorgang ist pathologischer Art.

Die Pektosinase ist das Enzym des Erregers der technischen Flachsrotte; sie ist aus Granulobacter pectinovorum isoliert worden (Beyerinck, van Delden). Dieses Enzym spaltet die Pektose des Flachses hydratisierend und bringt hierauf die dabei entstehenden einfachen Zuckerarten zum Vergären. So werden die Gespinstfasern freigelegt.

Unterliegt die Zellulose verwesender Pflanzen den Enzymen gewisser luftfeindlicher Bakterien, so wird sie dabei teils zu gasförmigem Wasserstoff, teils zu gasförmigem Methan (= Grubengas, Sumpfgas) u. a. m. zerlegt. Aus Methan bestehen viele der Gasblasen, die den Sümpfen entsteigen und die entzündet unter Flammenerscheinung verbrennen; sie können die freilich fragwürdigen Irrlichter erklären. Eine Zellulosegärung spielt sich vielleicht auch im Darm der höheren Pflanzenfresser und im Darm des Menschen ab.

3. Glykosidspaltende Enzyme.

Hierin gehören u. a.: Emulsin und emulsinähnliche Enzyme. Durch Emulsin wird z. B. aus dem Amygdalin der bitteren Mandeln die Dextrose abgespalten:

$$\underset{\text{Amygdalin}}{C_{20}H_{27}NO_{11}} + 2\,H_2O = \underset{\text{Benzaldehyd}}{C_7H_6O} + \underset{\text{Blausäure}}{HCN} + \underset{\text{Dextrose}}{2\,C_6H_{12}O_6}$$

Dieses Emulsin spaltet aber auch andere Glykoside wie Salizin, Arbutin, Helizin, Phloridzin, Äskulin, Koniferin u. a. m. unter Freilegung von Dextrose.

Emulsin findet sich bei vielen Schimmelpilzen und auch bei Pilzen, die Holz bewohnen (Penicillium glaucum). Von emulsinführenden Bakterien erwähne ich hier: Micrococcus pyogenes tenuis, Bacillus emulsinus, Bacillus thermophilus. Es gibt außer Emulsin noch eine Reihe anderer glykosidspaltender Enzyme, wie die Spaltungen von Iridin, Senegin, Euonymin, Koronillin, Kamellin, Globularin, Digitalin, Strophanthin, Sapotoxin u. a. m. bezeugen.

4. Fettspaltende Enzyme.

Die Wirkung dieser Enzyme (Lipasen) gibt die folgende Formel wieder:

$$\underset{\substack{\text{Fette}\\\text{(Glyzeride)}}}{C_3H_5(O.C_nH_{2n-1}O)_3} + 3\,H_2O = \underset{\text{Glyzerin}}{C_3H_5.(OH)_3} + \underset{\text{Fettsäure}}{3\,C_nH_{2n}O_2}$$

Ihre Wirkung kann u. a. bei der Darmverdauung eine Rolle spielen. Andere Enzyme wirken in umgekehrter Weise; sie bauen also aus Glyzerin und Fettsäuren Neutralfette auf (u. a.: F. L. Dunlap; L. O. Gilbert).

Oxydasen.

Oxydierende Enzyme.

Es sind Enzyme, denen die Fähigkeit zukommt, den Sauerstoff der Luft auf oxydationsfähige Körper zu übertragen. Ihre Wirkung kommt wahrscheinlich so zustande, daß sie molekularen Sauerstoff (O_2) in atomistischen Sauerstoff ($2 \times O$) spalten (aktivieren). Die Oxydasen finden sich im Tier- und im Pflanzenreich vor; fast jede höhere Pflanze enthält Oxydasen. Sie sind die eigentlichen Chorophyllzerstörer; ihre Wirkung gibt sich vornehmlich im Herbst kund. Unter besonderen Verhältnissen bewirken sie auch andere energische Veränderungen. Die bekannten Verfärbungen, welche viele Pilze an den Schnittflächen erfahren, die Bräunung angeschnittener Kartoffeln, Rüben usw. sind auf die Wirkung von Oxydasen zurückzuführen.

Besonderes Interesse beansprucht ferner die Azetase, die den gewöhnlichen Alkohol, d. i. Äthylalkohol, zu Essigsäure oxydiert:

$$CH_3CH_2OH + 2\,O = CH_3.COOH + H_2O;$$

als Zwischenprodukt tritt Azetaldehyd (CH_3COH) auf.

Eigentümliche enzymatische Erscheinungen treten auch beim Reifen der Vanillefrucht ein. Das der Vanilla planifolia, einer mexikanischen Schlingpflanze, entnommene Produkt ist grünlichgelb, fast ohne Aroma und fast frei von Vanillin. Unterwirft man es jedoch einem Schwitzprozeß, wobei vorteilhaft besonders gebaute Heizkästen in Anwendung kommen, so nimmt das Präparat allmählich die für die Handelsware gut bekannte, dunkelbraun-schwarze Färbung an; gleichzeitig entwickelt sich ein prachtvolles Aroma und die chemische Analyse läßt erkennen, daß bis zu 3 Proz. Vanillin entstanden sind. Die Vorgänge werden durch die kombinierte Wirkung einer Hydrolase und einer Oxydase erklärt (Lecomte).

Auch in der frischen Chinarinde wird bei Zutritt von Luft alsbald eine durch Hydrolase aufgespaltene chemische Verbindung mittels einer Oxydase zu Chinarot oxydiert (A. Tschirch). Wird jedoch das Enzym durch Eintauchen des frischen Holzes in Wasser von etwa 80° unwirksam gemacht, so erleidet die Rinde nach dem Ablösen keine Rotfärbung mehr (A. Tschirch, van Leersum und Sibinga). Auf ähnliche Art entstehen durch Oxydasen vermutlich andere rote Körper pflanzlicher Substanz, wie das Tormentillrot, Sassafrasrot, Weidenrot, Eichenrot und das Kolarot (A. Tschirch). Wahrscheinlich spielen auch bei der Bildung ätherischer Öle in den Pflanzen die Oxydasen der Blüten eine Rolle, wie dies z. B. für Kümmel, Pfeffermünz und Rainfarn festgestellt zu sein scheint (T. Brooks).

Reduktasen.

Reduzierende Enzyme.

Das sind Enzyme, die, entgegengesetzt den Wirkungen soeben erörterer Enzyme, eine Reduktion bewirken, also Sauerstoff vom Substrat wegnehmen. Auch diese Enzyme sind in der Natur sehr verbreitet. Wie dargetan wurde, gibt es in den Pflanzen Enzyme, welche bei der Kohlensäureassimilation Reduktionsprodukte bilden, die dann in Kondensationsprozessen zu Kohlenhydraten verarbeitet werden, um, wiederum durch andere Enzyme, gelegentlich zur Atmung verbrauchsfähig verändert zu werden (Überführung von Stärke in Zuckerarten). In neuerer Zeit lehren Stoklasa und Zdobincky, daß bei dem Atmungsprozeß in der Pfanzenzelle Wasserstoff entstehe und daß dieser unter geeigneten Bedingungen die aufgenommene Kohlensäure reduziere, sobald ultraviolette Strahlen des Sonnenlichtes zur Wirkung kommen. Die Aufgabe des Chlorophylls beim Assimilationsprozeß bestehe infolgedessen in der Absorption der ultravioletten Strahlen. Danach wäre das Chlorophyll als ein Sensibilator der Strahlenenergie in der Pflanzenzelle anzusehen.

Das Ergebnis der genannten Forscher regt um so mehr zu Überprüfungen an, als denselben Forschern in Gemeinschaft mit J. Sebor auch die Reduktion von Kohlensäure durch Wasserstoff unter dem Einflusse von Radiumemanation gelang.

Gärungerregende Enzyme.

Fast noch interessanter als alle bisher besprochenen enzymatischen Vorgänge sind die gärungerregenden Erscheinungen der Enzyme. Wurde doch viele Jahrzehnte lang in der Wissenschaft in heftiger Weise über das Wesen der alkoholischen Gärung diskutiert und hätte man doch noch vor 25 Jahren es für unmöglich erklärt, daß alkoholische Gärung ohne Lebenstätigkeit des Hefenpilzes (der Hefenzelle) vor sich gehe. Doch es zeigen zahlreiche Versuche der letzten Jahrzehnte, daß in der Tat auch bei dieser äthylalkoholischen Gärung nur eine enzymatische Erscheinung vorliegt, die durch eines der aus Hefe isolierten Enzyme, die Zymase (Alkoholase), bewirkt wird. Die Zymase führt nur einfache Zuckerarten (Monosaccharide) in Alkohol und zwar Äthylalkohol über. Dienen Stärke und Rohrzucker zur Alkoholbereitung, so müssen diese durch andere Enzyme zunächst in einfache Zuckerarten übergeführt werden (Diastasewirkung des Malzes; Invertasewirkung des Hefenpilzes) und erst dann tritt durch die Zymase eine äthylalkoholische Gärung ein. Der Vorgang läßt sich in seinem Anfangs- und Endresultat wie folgt formulieren:

$$\underset{\text{Traubenzucker}}{C_6H_{12}O_6} = \underset{\substack{\text{Alkohol}\\\text{(Äthylalkohol)}}}{2\,C_2H_5OH} + \underset{\substack{\text{Kohlen-}\\\text{dioxyd}}}{2\,CO_2}$$

Es sind hier also auch „Vorgänge des Zerfalles“, dementsprechend Vorgänge des Abbaues einer Substanz, die durch eine Energieleistung des Enzyms zum Ausdrucke kommt.

Die Tatsache, daß bei den Gärungsvorgängen die Endprodukte entweder sauerstoffärmer oder sauerstoffreicher sind als das Ausgangsmaterial, benutzen viele zur Gleichstellung dieser Gärungserscheinungen mit den Oxydasenwirkungen oder mit den Reduktasenwirkungen. Ein Vorgang rein oxydativer Art ist z. B. die bereits oben erörterte Essigbildung, die im gewöhnlichen Leben, wie viele der durch Enzymträger (Mikroorganismen) bewirkten Zersetzungserscheinungen, als Gärung bezeichnet zu werden pflegt. Vielfach fehlt uns aber die genaue Kenntnis von den Vorgängen bei der Gärung im engeren Sinne.

Sehr eingehend hat man sich mit den Vorgängen der äthylalkoholischen Gärung mittels der Zymase beschäftigt.

An Zwischenprodukten ist dabei die Milchsäure beobachtet worden (Wohl), die ihrerseits in Azetaldehyd und Ameisensäure zerfällt (Schade), worauf letztere Kohlendioxyd und Wasserstoff abspaltet, so, daß durch diesen Wasserstoff Azetaldehyd zu Alkohol wird (Schade). Die wahren Vorgänge des Zerfalls sind damit vermutlich noch nicht erschöpfend geklärt.[1])

Die enzymatischen sogenannten Gärungsvorgänge sind sehr mannigfaltiger Art; einige vor ihnen seien hier noch kurz beschrieben:

[1]) Fuselöl ist auch Alkohol, doch anderer Alkohol als Äthylalkohol; vornehmlich Butylalkohol (C_4H_9OH) und Amylalkohol ($C_5H_{11}OH$) sind im Fuselöl vorhanden. Die Bildung des Fuselöls im Alkohol der Spiritusbrennereien ist kein Vorgang im Sinne der Zymasentätigkeit; sie ist eine Folge der eiweißaufbauenden Arbeitsleistung der lebenden Hefenzelle und sie kann in diesem Sinne wahrscheinlich der Wirkung eines Enzyms der Hefe zugeschrieben werden. Die Hauptquellen für die Bildung des Fuselöls sind die in den natürlichen Maischen teils direkt vorhandenen, teils bei der Malzverzuckerung aus dem Eiweiß der Rohmaterialien abgespaltenen Aminosäuren, während das Eiweiß der Hefe dafür nicht wesentlich in Betracht kommen wird. Die Bildung des Fuselöls geht in dem Maße vor sich, wie die Hefe sich des Stickstoffs einzelner Aminosäuren, besonders des Leuzin, Isoleuzin (beides sind Aminokapronsäuren) und des Valin (Aminovaleriansäure) zur Deckung eigenen Stickstoffbedarfs und zur Zymasenproduktion bemächtigt, wobei dann die höheren Alkohole, z. B. Butylalkohol, von der Hefe als unverdauliche Stoffwechselprodukte zurückgegeben werden. Hierbei entsteht aus dem Leuzin der inaktive Isoamylalkohol, aus dem d-Isoleuzin der aktive d-Amylalkohol und aus dem Valin der Isobutylalkohol.

Die Reaktionserscheinung ist für uns auch deshalb interessant, weil enzymatische Umwandlungen, bei denen unter Abbau von Aminosäuren neben anderen Spaltungskörpern kohlenstoffärmere Alkohole sich bilden, auch in der höheren Pflanzenwelt wie in der Tierwelt erwartet werden können und weil solcherart die Bildung einiger Riechstoffe vornehmlich bei Vertretern der Pflanzenwelt sich erklären läßt. Übrigens spielen auch gewisse Aminosäuren selber als Riechstoffe eine bedeutsame Rolle.

Enzyme gewisser Milchsäurebakterien zerlegen Milchzucker bzw. Rohrzucker, Traubenzucker und verwandte Körper in Milchsäure (Äthylidenmilchsäure = Milchsäuregärung):

$$\underset{\text{Milchzucker}}{C_{12}H_{22}O_{11}} + H_2O = \underset{\text{Milchsäure}}{4\,C_3H_6O_3}\,^{1)}$$

$$\underset{\text{Traubenzucker}}{C_6H_{12}O_6} = 2 \times \underset{\text{Milchsäure}}{C_3H_6O_3}$$

Bei den Umwandlungen treten Nebenprodukte in wesentlichen Mengen auf. Vollzieht sich die Umwandlung statt durch Enzyme (Buchner und Meisenheimer) durch die Träger dieser Enzyme, die Milchsäurebakterien, so erklärt sich die Entstehung von Beiprodukten schon durch die Lebenstätigkeit dieser Mikroorganismen, u. a. so die des Kohlendioxyds durch Atmung.

Es seien auch sog. Gärungserscheinungen der Kohlenhydrate mit Bacterium coli angedeutet, denen aller Wahrscheinlichkeit nach in der Hauptsache enzymatische Vorgänge zugrunde liegen:

$$\underset{\text{Traubenzucker}}{2\,C_6H_{12}O_6} + H_2O = \underset{\text{Milchsäure}}{2\,C_3H_6O_3} + \underset{\text{Essigsäure}}{CH_3COOH} + \underset{\text{Äthylalkohol}}{C_2H_5OH} + \underset{\text{Kohlendioxyd}}{2\,CO_2} + \underset{\text{Wasserstoff}}{2\,H_2}$$

An Beiprodukten wurden neben Essigsäure auch erkannt: Bernsteinsäure, Ameisensäure und neben Kohlendioxyd und Wasserstoff andere Gasarten. Traubenzucker, Fruktose, Galaktose bilden dabei zwei Modifikationen der Milchsäure (l-Milchsäure [d. i. eine die Ebene des polarisierten Lichtstrahls nach links ablenkende Substanz] und inaktive Milchsäure). Die Leistung des Bakterium statt mit Kohlenhydraten mit Mannit (chemisch ein Alkohol) führt zur Bildung nur einer Art Milchsäure, der l-Milchsäure; r-Milchsäure wurde von M. Nencki und Sieber als Produkt eines anaëroben Mikrococcus aufgefunden.

Man erkennt daraus eine Mannigfaltigkeit der Umwandlungsmöglichkeit durch das Enzym unter Inangriffnahme verschiedener Substrate. Dies erklärt sich hier wie in anderen enzymatischen Vorgängen durch die Abhängigkeit des Umwandlungsproduktes von der chemischen Konstitution des Ausgangskörpers. Dabei äußert sich die enzymatische Tätigkeit von Mikroorganismen manchmal auch nur dadurch, daß eine Umgruppierung der Atomkomplexe im Molekül des Substratkörpers stattfindet, so daß aus diesem ein ihm zwar prozentual gleich zusammengesetzter, doch in

[1]) $CH_3 - CH(OH) - COOH$, Oxypropionsäure.

seinen physikalischen Eigenschaften abweichender, d. i. ein isomerer Körper entsteht. Eine andere enzymatische Tätigkeit ist dann für die weitergehende Zersetzung des ersten Körpers, und wieder eine andere enzymatische Tätigkeit für die weitergehende Zersetzung des isomeren Körpers charakteristisch.

Die Milchsäurebakterien sind in der Natur sehr verbreitet. Auch Pilze, wie Oidium lactis, Penicillium glaucum u. a. m. bewirken mit kohlenhydrathaltigen Körpern der Natur Gärungen, darunter Milchsäuregärungen. Unter anderem bezeugt die Einsäuerung von Nahrungsmitteln (Gurkensäurung, Sauerkraut) und die von Futtermitteln (Braunheu, Sauerfutter, Grünpreßfutter) ein Vorhandensein von reicher Mikroorganismenflora auf diesen Lebensmitteln. So ist das Weißkohlblatt der Sitz der Hefen und des Milchsäurebildners. Diese Kohlflora braucht auch nicht überall und alljährlich ganz dieselbe zu sein; so sind vielleicht geringfügige Unterschiede des Sauerkrauts verschiedener Herkunft (westfälisches, süddeutsches, Magdeburger u. a. Kraut) zu erklären.

Überall da, wo kohlenhydratreiches Pflanzenmaterial bei geringer Temperatur und Feuchtigkeit sich zersetzt, pflegt sehr häufig Enzymtätigkeit der Buttersäurebakterien neben der Wirkung der Fäulnisbakterien sich einzustellen. Vornehmlich dem Granulobacter butylicum wird die Butylalkoholbildung, und vornehmlich dem Granulobacter saccharo-butyricum die Bildung von Buttersäure neben Auftreten von Wasserstoff und Kohlendioxyd zugeschrieben:

$$\underset{\text{Traubenzucker}}{C_6H_{12}O_6} = \underset{\text{Buttersäure}^{1)}}{C_4H_8O_2} + 2\,CO_2 + 2\,H_2$$

$$7\,C_6H_{12}O_6 = 5\,\underset{\text{Buttersäure}}{C_4H_8O_2} + 2\,\underset{\text{Butylalkohol}^{2)}}{C_4H_9OH} + 2\,\underset{\text{Essigsäure}}{CH_3COOH} + 10\,CO_2 + 2\,H_2 + 6\,H_2O$$

Vertreter der Pilzgruppe Citromyces (unter ihnen C. Pfefferianus, C. glaber) vermögen aus Kohlenhydraten, z. B. Traubenzucker, die Zitronensäure (C. Wehmer) und gewisse andere Pilze und Bakterien, insbesondere Aspergillus niger, Saccharomyces Hansenii, Bacillus oxalaticus, aus Kohlenhydraten z. B. Traubenzucker, die Oxalsäure zu bilden. Es

[1] $CH_3.CH_2.CH_2.COOH$.
[2] $CH_3.CH_2.CH_2.CH_2OH$.

ist wohl anzunehmen, daß auch diese Vorgänge enzymatischer Natur sind (C. Wehmer, W. Zopf u. a.).

In Zuckerfabriken, Melassebrennereien, auch bei der Gärung von Wein, Bier u. a. tritt gelegentlich eine sog. Schleimgärung auf; sie ist eine unwillkommene Gärungserscheinung. Hier wirkt insbesondere ein Enzym des sog. Froschlaichpilzes Leuconostoc mesenterioides; es zerlegt den Zucker zu Gummi und Mannit. Man ist geneigt, dem Vorgang die folgende Formulierung zugrunde zu legen:

$$\underset{\text{Traubenzucker}}{25\,C_6H_{12}O_6} = \underset{\text{Gummi}}{12\,C_6H_{10}O_5} + \underset{\text{Mannit}}{12\,C_6H_8(OH)_6} + 6\,CO_2$$

Wahrscheinlich tritt dabei als Zwischenprodukt Wasserstoff auf, der einen Teil des Traubenzuckers in Mannit überführt.

Zahlreiche andere Enzymträger der Natur kommen mit ähnlicher Wirkung in Betracht, doch soll hier — wie schon oben betont — auf die vielfachen Wirkungsweisen der Bakterien und Pilze des näheren nicht eingegangen werden.

Die vorstehenden Beispiele geben mithin nur einige Einzelheiten in der mannigfachen Betätigung der Enzyme im Werden und Vergehen der Natur. Das Angeführte dürfte aber genügen, um einen Einblick in die schier unbegrenzt erscheinenden Arbeitsweisen der chemischen Werkstätte der Natur zu ermöglichen.

Die Enzyme stellen also Aufspeicherungen von Energiemengen dar, die im Organismus nach Bedarf zur Wirkung kommen und die in ihrer Wirkung nachzuahmen uns im chemischen Laboratorium, wenn überhaupt, so nur unter Anwendung kräftig wirkender chemischer Körper gelingen will. Dann ist aber gar häufig die Wirkung eine wesentlich andere; während die Enzyme die Arbeitsleistung stufenweise vollziehen, führt das chemische Experiment des Laboratoriums zu viel plötzlicheren Erscheinungen. Es ist hier „die Kunst nicht die gereinigte Wirklichkeit“, wohl weil die Hilfsmittel grundverschiedene und dementsprechend auch die Arbeitsweisen grundverschiedene sind.

Schon die Betrachtung der Wirkungsweise eines Enzyms in der Natur, dann aber noch mehr die der kombinierten Wirkung verschiedenartiger Enzyme zwingt uns zur

Erkenntnis der Einrichtung des Zweckmäßigen in der Natur. Hier ein Beispiel:

a) Die in Wasser unlösliche Stärke soll in der Pflanze von Zelle zu Zelle wandern; dazu muß die Stärke wasserlöslich werden. Diese Überführung in Zucker besorgt ein Enzym. An dem Ziele der Wanderung angelangt, kann dieser Zustand aufgehoben werden, indem b) ein anderes Enzym aus Zucker Stärke zurückbildet. Diese Stärke kann dann also von neuem aufgespeichert werden:

Stärke → Zucker
Zucker → Stärke

Oder c) das gesammelte Stärkematerial dient der Veratmung — der Verbrennung — und muß auch hierzu in einen transportfähigen Zustand (Zucker) übergeführt werden. Denn die Veratmung kann wohl in derselben Zelle stattfinden, in der die zur Atmung dienende Substanz ehedem als Stärke abgelagert war, aber auch in einer anderen Zelle, wohin sie also dann erst wandern muß. Oder d) es sollen aus der Stärke chemische Komplexe gebildet werden für den Zellenwandbau; das bedeutet eine Überführung von Stärke in Zellulose. Oder e) die Särke soll zum Aufbau von Protoplasma dienen; es muß dann ein stickstoffhaltiger Körper, wie z. B. Asparagin, mit den Kohlenhydraten sich vereinigen, auch Phosphor und Schwefel aus anorganischen Stoffen eintreten, um Protoplasmaeiweiß zu bilden.

Bisher ist noch nicht mit Sicherheit festgestellt worden, welche lösliche Kohlenhydratart die geeigneteste zur Wanderung, zur Veratmung oder zum Eiweißaufbau ist.

Noch ganz kurz ein anderes Beispiel aus dem tierischen Organismus: Im Magen, später auch im Darm des Organismus wird durch Enzyme Eiweiß zu assimilierbaren Bruchstücken des Eiweißmoleküls abgebaut. Diese Bruchstücke des Eiweißes werden nach der Resorption alsbald wieder zu Eiweiß aufgebaut.

c) Der tierische Organismus.

Der tierische Organismus setzt sich im wesentlichen aus denselben organischen Elementarkörpern zusammen wie der pflanzliche Organismus, nämlich Körpern, bestehend aus Kohlenstoff, Wasserstoff, Sauerstoff und Stickstoff; dagegen überwiegen in den Komplexen des tierischen Organismus die stickstofführenden Körper bei weitem. Es sind das fast ausschließlich Proteinstoffe, Körper, die ich an dieser Stelle deutlicher mit Eiweißstoff und eiweißartige Stoffe, auch leimbildende Gewebestoffe bezeichne[1]).

Über die Proteinstoffe und deren Abbauprodukte ist viel geforscht worden; in den Vordergrund treten die klassischen Arbeiten des Berliner Chemikers E. Fischer und seiner Schüler. Einerseits durch Hydrolyse des Proteins, andererseits auf anderem hier nicht zu erörterndem Wege wurden eine Reihe von Abbauprodukten des Proteins (gewissermaßen Bausteine des Proteins) dargestellt und man darf wohl annehmen, daß 50 bis 60 Proz. der Bestandteile des Proteinmoleküls erkannt sind, während der Rest noch zu erforschen ist. Zu betonen ist jedoch, daß bei den verschiedenen Eiweißarten das Gewichtsverhältnis der verschiedenen Bausteine — hier insbesondere Aminosäuren — erheblich wechselt und daß in dem einen Eiweißstoff z. B. eine Aminosäure als Baustein vorkommen kann, die in einem anderen Eiweißstoff fehlt.

Ich entnehme einer von J. König zusammengestellten Tabelle[2]) die folgende Aufzählung: Es wurden von E. Fischer, E. Abderhalden, Hofmeister, A. Kossel, Osborne, E. und H. Salkowski u. a. m. nachgewiesen:

Aliphatische Reihe.

1. Monoaminomonokarbonsäuren:
   - Glykokoll
   - δ-Alanin
   - δ-Valin
   - l-Leuzin
   - δ-Isoleuzin
2. Aminooxymonokarbonsäure:
   - l-Serin (Aminomilchsäure)
3. Monoaminodikarbonsäuren:
   - l-Asparaginsäure
   - δ-Glutaminsäure
4. Diaminomonokarbonsäuren:
   - Lysin
   - Histidin
   - Arginin
5. Diaminotrioxydodekansäure
6. Schwefelhaltige Aminosäuren, Zystein und Zystin, Thioaminosäuren
7. Glukosamin (Chitosamin).

---

[1]) Von den geringen Mengen stickstoffhaltiger anorganischer Substanz und stickstoffhaltiger organischer proteinfreier Substanz, wie solche unter anderem auch durch die Nahrung dem Körper zugeführt werden, sehe ich an dieser Stelle ab.

[2]) Berichte der med.-naturw. Gesellschaft zu Münster i. W. Sitzung vom 25. Mai 1910.

Homozyklische Reihe.

1. Phenol
2. Kresol
3. Phenylessigsäure
4. l-Phenylalanin
5. Paraoxyphenylessigsäure
6. Tyrosin-Paraoxyphenyl-α-aminoproprionsäure
7. Indol, Skatol
8. Skatolkarbonsäure
9. Skatolessigsäure
10. l-Prolin-Pyrrolidin-α-Karbonsäure
11. l-Oxyprolin
12. l-Tryptophan-Indol-α-Aminoproprionsäure
13. Pyridin.

Man hat auch durch chemisches Zusammenfügen von Einzelteilen der aufgezählten Proteinstoffbausteine Produkte erzielt, die „proteinstoffähnlich" oder „eiweißähnlich" sind (Peptide E. Fischers) und man hat den Beweis geführt, daß solcher Art Stoff, in der richtigen Art dem tierischen bzw. menschlichen Organismus einverleibt, das natürliche Eiweiß bei der Ernährung bis zu einem gewissen Grade in der Tat zu ersetzen vermag (E. Abderhalden). Erschwerend im Experiment wirkt der Umstand, daß die Proteine der einzelnen Nahrungsstoffe sich aus unter sich quantitativ verschiedenartigen Bausteinen zusammensetzen. Ähnliches gilt dann auch für die Zusammensetzung der Proteinstoffe des tierischen wie menschlichen Organismus; so erklärt sich u. a. die stets gleichbleibende Zusammensetzung des Blutes wie der Zellen eines Tierkörpers.

Der tierische und menschliche Körper enthält außer den Proteinstoffen stickstofffreie Körper, darunter Fette und geringe Mengen Kohlenhydrate; er enthält außerdem anorganische wasserlösliche und wasserunlöslich gewordene Salze. Sowohl das Fett wie die schon ausführlicher erörterten Proteinstoffe finden sich, solange das Tier oder der Mensch lebt, im Zustande dauernder Abnutzung und Zersetzung. Soll das Tier und der Mensch nicht vom eigenen Körper leben, so müssen ihnen Nahrungsstoffe zugeführt werden, unter denen die Bildner der Organteile vertreten sind. Solcherart Nahrungsstoffe sind vor allem Stickstoffsubstanzen wie Fleisch, außerdem Fett und Kohlenhydrate. Daneben sind anorganische Salze nötig, die vornehmlich das Knochengerüst bilden (wie Kalziumphosphat, Kalziumkarbonat u. a.), und andere, die in den Säften gelöst zirkulieren (Chloride, Alkaliphosphate), ferner solche, die in einzelnen organischen Stoffen sich in molekularer Bindung befinden, wie Schwefel und Phosphor im Eiweiß, Eisen im Blut und Jod in der Schilddrüse.

Hat dann also der tierische und menschliche Organismus nicht die Fähigkeit, kohlenstoffhaltiges Material aus dem Kohlendioxyd der Atmosphäre gleich der Pflanze zu assimilieren, um aus ihm kohlenstoffhaltige Stoffe aufzubauen? Die Antwort lautet: Nein. Hier ergibt sich ein prinzipieller, sehr wesentlicher Unterschied im Lebensvorgang zwischen Tier und Pflanze. Der tierische wie menschliche Organismus benötigt für seine Erhaltung bereits fertig gebildeter organischer Substanzen; dieser Organismus hat nicht die Fähigkeit, seinen organischen Körperteil aus anorganischen Stoffen aufzubauen. Die organische Substanz aber, die dem Organismus als Nahrung zugeführt wird, wechselt, wie das gleich gezeigt werden soll, im lebenden Körper fortwährend die Form und löst sich, von der hochkomplizierten Zusammensetzung angefangen, in einfachere und immer einfachere Stoffgruppen auf, wobei Kohlendioxyd und Wasser abgespalten werden und Sauerstoff verbraucht wird. Der tierische und der menschliche Stoffwechsel repräsentiert demnach periodenweise einen Oxydationsprozeß, ich kann mich auch ausdrücken: einen Verbrennungsprozeß.

Die Aufnahme von Sauerstoff erfolgt durch die Lungen, bei den in Wasser lebenden Tieren durch die Kiemen; die Abgabe von Kohlendioxyd ebenfalls auf diesem Wege. Die Verbrennung selbst äußert sich in der K ö r p e r w ä r m e, auch in der E n e r g i e, die bei der Leistung von Arbeit durch den Organismus zum Ausdrucke kommt.

Synthetisierende Prozesse, also chemische Vorgänge, bei denen wie in der Pflanze ein Aufbau organischer Substanz erfolgt, finden zwar als wichtige, doch wie es scheint nur in geringem Maße auftretende chemische Umwandlungen statt. So sind als chemische Vorgänge des Aufbauens zu betrachten: die Neubildungen roten Blutfarbstoffes, die Bildung der verschiedenen Eiweißstoffe aus Bausteinen, wie Aminosäuren. Im t i e r i s c h e n Organismus vollzieht sich dementsprechend neben dem Hauptvorgang: Oxydation und Spaltung in einem nur geringem, doch e b e n f a l l s w i c h t i g e m Maße: Synthese (Aufbau) und auch Reduktion.

Wie im pflanzlichen Organismus, so wird auch im tierischen Organismus in vielerlei Einzelheiten der Umwandlungen ein Kolloidzustand der Umwandlungskörper die Reaktionserscheinungen beschleunigen; der physikalische Zustand der Umwandlungssubstanz ist in jedem Falle von Bedeutung.

Die Ernährung bei besonderer Berücksichtigung des menschlichen Organismus.

Die größte Bedeutung für die Ernährung des tierischen bzw. menschlichen Organismus haben Eiweiß und eiweißartige Substanzen, die kurz als die Stickstoffsubstanz bezeichnet werden können. Aus dieser Substanz werden wesentlich Blut, die Gewebesubstanz und die Körperorgane gebildet. Dazu kommen Fett und Kohlenhydrate.

Man kann auch ein Tier mit reinem, fett- und kohlenhydratfreiem Fleisch ernähren und vollständig arbeitsleistungsfähig erhalten, wie der bekannte Versuch von E. Pflüger gezeigt hat. Dieser Forscher fütterte einen Hund monatelang mit fast fett- und kohlenhydratfreiem Fleisch und ließ ihn dabei die schwerste Arbeit leisten.

Das Fett der Nahrung wird entweder als solches im Körper angelagert oder alsbald unter dem Einflusse des Sauerstoffs zu Kohlendioxyd und Wasser oxydiert, also verbrannt. Die Kohlenhydrate verfallen im menschlichen Organismus dem Verbrennungsprozeß oder werden in Fett umgewandelt und aufgespeichert. Fett und Kohlenhydrate können sich in der Ernährung des menschlichen Organismus bis zu gewissen Grenzen ersetzen.

Das Wasser der Nahrung dient dem Organismus zur Bildung von Verdauungssäften und zur Aufnahme der Zersetzungsstoffe, außerdem zur Regulierung der Wärme.

Vorbereitung der Verdauung durch den Speichel.

Wir beginnen die Verwertung der Nahrung im Mund. Denn schon im Munde beginnen die Vorbereitungen zur Verdauung; der alkalische Speichel enthält nämlich neben anderen Bestandteilen mindestens ein Enzym, die Speicheldiastase, d. i. das Ptyalin. Durch dieses Enzym wird Stärke, auch Glykogen[1]), über eine Reihe von Zwischenprodukten vornehmlich zu Maltose umgewandelt.

[1]) Glykogen ist ein stärkeähnliches Kohlenhydrat; es ist vornehmlich in der Leber enthalten, doch findet es sich in kleineren Mengen in allen Geweben des Körpers als ein Umwandlungsprodukt des Zuckers.

Die Menge des während 24 Stunden vom Menschen abgesonderten Speichels ist von Bidder und Schmidt zu etwa $1^1/_2$ kg, von anderen bei gemischter Kost auf $^1/_2$ kg, bei Eiweißkost auf $^3/_4$ kg berechnet worden. Speichelkonkremente finden sich in Form des verschieden gefärbten Zahnsteins vor. Die Hauptbestandteile desselben sind: Muzin, Epithel und Leptothrixketten als organische Substanz und Kalziumkarbonat nebst Phosphat als anorganische Substanz.

Hammarsten fand, daß die Einwirkung des Ptyalins auf die verschiedenen Stärkesorten verschieden schnell verläuft; er erhielt die Zuckerbildung bei:

Kartoffelstärke	nach	2— 4	Stunden,
Erbsenstärke	„	$1^3/_4$— 2	„
Weizenstärke	„	$^1/_2$— 1	„
Gerstenstärke	„	10—15	Minuten,
Haferstärke	„	5— 7	„
Roggenstärke	„	3— 6	„
Maisstärke	„	2— 3	„

Zu ähnlichen Resultaten gelangt man in Laboratoriumsversuchen bei Anwendung von Malzdiastase.

Dementsprechend kommt die chemische Wirkung des Speichels beim Menschen nur wenig, wesentlich mehr bei einigen Tierarten in Betracht.

Ptyalin ist schon beim neugeborenen Kinde vorhanden. Es findet sich als solches jedoch nicht etwa im Speichel aller Tiere. So enthält der Speichel des Pferdes kein fertiges Ptyalin, sondern ein Proenzym, aus dem dann beim Kauen, wahrscheinlich zufolge Bakterienwirkung, das Ptyalin entsteht.

Vorbereitung der Verdauung durch den Magen.

Die Speise wandert durch den Schlund zum Magen. Hier häuft sie sich zu einem Knäuel. Dadurch wird, noch ehe der Magensaft bis ins Innere dringt, das aus dem Munde durch den Speichel miteingeführte Ptyalin noch kurze, auch längere Zeit zur Geltung kommen, hier also noch eine Wirkung in dem bereits erörterten Sinne ausführen können. Im übrigen kann von einer Magenverdauung der Kohlenhydrate wohl kaum gesprochen werden. Es kommt vielmehr allmählich der Magensaft, d. i. das Sekret von Drüsen der Magenschleimhaut in Wirkung.

Die Bildung dieses Sekrets ist eine sehr bedeutende; sie wird für den Menschen von einigen zu 6,5 kg, von anderen zu 16,8 kg für den Tag geschätzt. Der Magensaft enthält neben viel Wasser annähernd 0,2—0,3 Proz. freie Säure (D. Szabo u. a.); diese ist ausschließlich oder fast ausschließlich Salzsäure (HCl), sie entstammt den Chloriden des Blutes (C. Voit, A. Kahn). Außerdem enthält der Magensaft 0,1—0,2 Proz. Mineralstoffe und 0,3 Proz. eines Pepsin genannten Enzyms.

Pepsin führen alle Rückgrattiere, einige Fische ausgenommen. Bei neugeborenen Hunden und Katzen, vielleicht auch noch bei anderen Tieren fehlt Pepsin, während bei neugeborenen Kindern Pepsin als vorhanden festgestellt wurde. Dem Pepsin kommt die Fähigkeit zu, in Gegenwart von Säure, insbesondere Salzsäure, viele der unlöslichen Proteinstoffe (Eiweißstoffe) in wasserlösliche Verbindungen überzuführen. Wahrscheinlich ist die Magensäure an organische Substanz (Leuzin) locker gebunden; sie wird dann durch stufenweise Hydrolyse schnell reaktionsfähig (Richtet, Contejean).

Der Hauptvorgang der Magensaftleistung kann in dem für den Organismus fraglichen Endresultat wie folgt kurz skizziert werden:

Eiweißkörper + Pepsin + nH_2O = Pepton (Endresultat).

Nebenher wirken im Magensaft andere, z. B. fettemulgierende Enzyme in sehr geringem Maße.

Bei den Nukleoproteiden oder Nukleoalbuminen — das sind Eiweißkörper mit Phosphorsäure in esterartiger Verbindung — bleibt stets ein ungelöster Rest von Nuklein bzw. Pseudonuklein zurück; diese Art der Eiweißkörper ist also durch Pepsin nicht verdaulich. Etwa in den Magen eingeführtes Blut wird in eine schwarzbraune Masse verwandelt, weil Oxyhämoglobin (bzw. Hämoglobin) des Blutes in Hämatin und Azidalbumin zerlegt wird, welch letzteres dann der Pepsinverdauung unterliegt. Das zu den eiweißartigen Stoffen (Albuminoiden) zählende Kollagen und das etwas schwieriger zerlegbare Elastin werden im Magensaft gelöst. Letzteres liefert zunächst Protoelastose, dann Deuteroelastose; ersteres (Kollagen) ergibt durch Hydrolyse Glutin, dann Protogelatose. Keratin widersteht der verdauenden Wirkung des Magensaftes.

Glykoproteide unterliegen einer Zerlegung in die Bestandteile Eiweiß und Kohlenhydrate.

Lezithin, ebenso Fett, bleibt — wenigstens nach der

herrschenden Meinung — im Magen chemisch unverändert. Fettgewebe wird aber von den Zellmembranen befreit (Lösung), so daß das Fett freigelegt wird.

Eines der anderen Enzyme des menschlichen Magensaftes ist das Lab (Chymosin)[1]. Es hat die Eigenschaft, die Milch zum Gerinnen zu bringen so, daß das hierdurch veränderte Kasein der Zerlegung in Nuklein und in verdauliches Eiweiß anheimfällt. Eine Gerinnung der Milch kann unter Umständen auch schon durch die Magensäure allein eintreten.

Die Speise verweilt je nach ihrer Form und Art $^1/_2$ bis 2 bis 4 bis 6 Stunden im Magen; währenddessen kann ein Teil der flüssigen Substanz (Wasser, aufgelöste Salze, Zucker u. a. m.) von den Blutgefäßen der Magenwand aufgesogen und dem Blute zugeführt werden. Der Rest ist der feste Speisebrei (Chymus). Die Bedeutung des Magens für die Verdauung kann nicht ein für allemal festgelegt werden; sie ist bei den verschiedenen Tieren eine verschiedene. Ich erinnere hier an Extreme, gekennzeichnet z. B. durch die Verdauungsarbeit bei Schlangen und einigen Fischen, die ganze Teile verschlucken. Bei diesen wirken auch Verdauungsenzyme der erbeuteten Tiere, und zwar im Magen wie darauffolgend im Darm.

Aus diesen Erörterungen folgt, daß bei normaler Zusammensetzung das Pepsin des Magensaftes voll und ganz zur Wirkung kommt. Anormale Zustände können hervorgerufen werden durch krankhafte Störung, eventuell absichtlich im Tierexperiment. Bei wenig Säure pflegen Gärungsprozesse sich einzustellen und es werden dadurch aus Kohlenhydraten zufolge Tätigkeit von Bakterien: Milchsäure, Buttersäure, Essigsäure und Gase z. B. Wasserstoff gebildet (C. A. Ewald, J. Boas). Solcherart Gärungsprodukte finden sich daher auch oft bei chronischer Magenkrankheit und sie geben Anlaß zum Aufstoßen, Sodbrennen und zu anderen Symptomen.

Verdauung durch den Darm.

Der Speisebrei bzw. die aus ihm zur Verdauung vorbereiteten Flüssigkeiten mitsamt Suspensionen gelangen nun

[1]) Nach N. Zuntz und L. Sternberg soll das Lab ein Stoffwechselprodukt des Organismus sein.

in den Darm. Hier wirken nebeneinander mehrere alkalisch reagierende Sekrete: der Pankreassaft, die Galle und der Darmsaft.

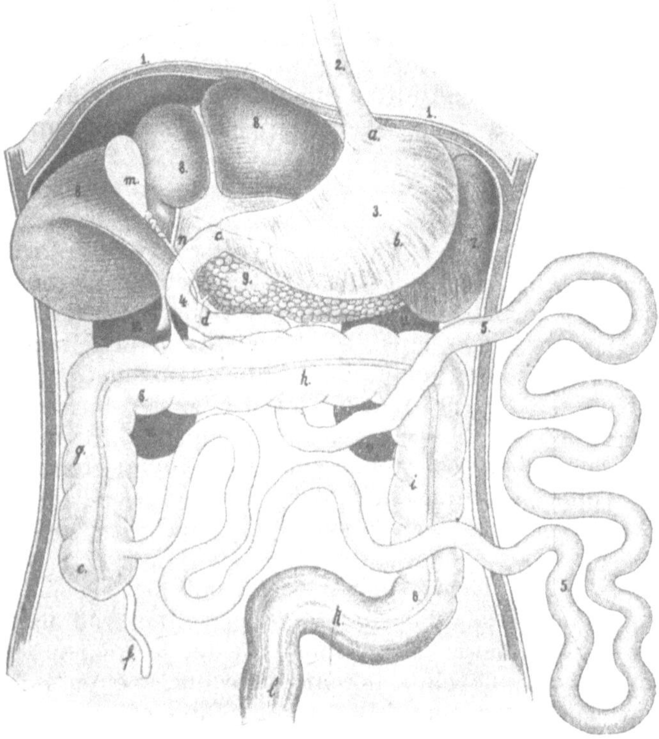

Abbildung 18.

Baucheingeweide (schematisch).

1. Zwerchfell.
2. Speiseröhre.
3. Magen.
   a) Eingang.
   b) Magengrund.
   c) Pförtner.
4. Zwölffingerdarm.
   d) Einmündung der Galle und des Bauchspeichels.
5. Dünndarm.
6. Dickdarm.
   e) Blinddarm.
   f) Wurmförmiger Anhang.
   g) Aufsteigender Grimmdarm.
   h) Querliegender Grimmdarm.
   i) Absteigender Grimmdarm.
   k) Römisches S.
   l) Mastdarm.
7. Milz.
8. Leber (aufgeschlagen).
   m) Gallenblase.
   n) Gemeinschaftlicher Gallengang.
9. Bauchspeicheldrüse.
10. Rechte Niere.
11. Linke Niere.

(Aus P. Ebenhöch und Th. Himmelein: Der Bau des menschlichen Körpers. Eßlingen. J. F. Schreiber.)

Der in den Dünndarm mündende Saft der Pankreasdrüse, der Bauchspeichel, ist eine etwa 0,2—0,4 Proz. Natriumkarbonat enthaltende schleimige Flüssigkeit. Sie wird von den Pflanzenfressern (z. B. Kamel) ununterbrochen abgesondert; im Darm der Fleischfresser vollzieht sich ihre Bildung entsprechend der Verdauungstätigkeit, sie ist bei diesen also intermittent.

Der Pankreassaft enthält mindestens drei Enzyme:

A. Die Pankreasdiastase, d. i. ein die Stärke, wie das Ptyalin des Mundspeichels, zu Zucker u. a. zerlegendes Enzym:

$$3(C_6H_{10}O_5) + H_2O = \underset{\text{Dextrin}}{C_6H_{10}O_5} + \underset{\substack{\text{Maltose}\\ \text{(Isomaltose)}}}{C_{12}H_{22}O_{11}}$$

Wahrscheinlich wird durch die Pankreasdiastase auch noch der Dextrinrest zu Dextrose hydrolisiert (s. S. 105).

Die Maltose wird dann durch die im Darmsaft — Sekret der Darmschleimhaut — enthaltenen invertierend wirkenden Enzyme teilweise oder ganz in Dextrose (Traubenzucker, Glukose) übergeführt:

$$\underset{\text{Disaccharid}}{C_{12}H_{22}O_{11}} + H_2O \xrightarrow{} \underset{\text{Monosaccharide}}{C_6H_{12}O_6 + C_6H_{12}O_6}$$

Auch andere Zuckerarten der Disaccharide, wie z. B. Rohrzucker, erleiden hier eine Zerlegung (Paschutin, Brown, Heron, Bastianelli u. a.):

$$\underset{\text{Rohrzucker}}{C_{12}H_{22}O_{11}} + H_2O = \underset{\text{Dextrose}}{C_6H_{12}O_6} + \underset{\text{Lävulose}}{C_6H_{12}O_6}$$

Der Pankreassaft enthält:

B. ein das Fett — auch andere Ester (Nencki, Boas)—spaltendes oder doch das Fett emulgierendes Enzym, ein Steapsin (Bernard, Berthelot). Die erstere Leistung veranschaulicht die Formel:

$$\underset{\text{Neutralfett}}{C_3H_5 . O_3 . R_3} + 3\,HOH = \underset{\text{Glyzerin}}{C_3H_5(OH)_3} + \underset{\text{Fettsäure}}{3\,R . OH}$$

Die Fettsäuren verbinden (und emulgieren) sich mit den Alkalien zu Seifen. Unterstützt wird diese Reaktion durch die Galle, das Sekret der Leber.

Lezithin wird in Glyzerinphosphorsäure, freie Fettsäure und Cholin gespalten.

Der Pankreassaft enthält:

C. ein Enzym, das die Eiweißkörper noch weiter als die Pepsin-Salzsäure zerlegt. Das ist der Enzymstoff Trypsin (Kühne) bzw. das Proenzym des Trypsins (Bernard,

Corrisat). Die Zerlegung kann sich in der alkalisch reagierenden Flüssigkeit bis zu den Aminosäuren: Leuzin[1]), Tyrosin[2]), Asparaginsäure[3]), Tryptophan[4]) u. a. m. erstrecken. Eine Anhäufung von Verdauungsprodukten wirkt hemmend auf die Trypsinverdauung.

Nukleine werden vom Pankreassaft und dem alkalischen Darmsaft vielleicht ohne Veränderung gelöst und teilweise resorbiert (S. Gumlich). Hervorgehoben sei, daß außer Pepton u. a. auch nicht peptonisierendes Eiweiß wie Kasein, Myosin, Alkalialbuminat vom Darm aufgesogen zu werden vermag. Resorbiertes Pepton, wahrscheinlich auch gewisse Bausteine der Peptone, wie Aminosäuren, werden aller Wahrscheinlichkeit nach sofort schon in dem Epithel der Schleimhaut des Verdauungskanals zu Eiweiß regeneriert (C. Ludwig, G. Salvioli, F. Hofmeister).

Ist auch der Pankreassaft die im Darm wesentlichste Verdauungsflüssigkeit, so muß doch eingeschaltet werden, daß bei einigen Vertebraten, auch bei einigen Fischen, eine anatomisch gut charakterisierte Pankreas fehlt. Hier werden die der Pankreas zukommenden Leistungen von der Leber (als der Hepatopankreas) besorgt.

Außer den Enzymen enthält der Pankreassaft regelmäßig wenig Leuzin, Tyrosin, Xanthinbasen, etwas Fett und Seifen; von Mineralstoffen seien erwähnt: Chloralkalien, kohlensaure Alkalien, etwas Kalziumphosphat, auch Eisen- und Magnesiumverbindungen.

Chemische Reaktionen, insbesondere chemisch-physikalische Umwandlungen im Darm, vollzieht auch die Galle[5]) als das Sekret der Leber, obwohl sie Extret ist, da sie gewisse Endprodukte des Stoffwechsels führt. Von

[1]) Leuzin $C_6H_{13}NO_2$ = α-Amidokapronsäure: $CH_3.(CH_2)_3.CH(NH_2).COOH$.

[2]) Tyrosin $C_9H_{11}NO_3$ = para-Oxyphenylamidopropionsäure: $C_6H_4(OH).CH_2.CH(NH_2).COOH$.

[3]) Asparaginsäure $C_4H_7NO_4$ = Amidobernsteinsäure: $C_2H_3(NH_2).(COOH)_2$; Asparagin, ein für chemische Umwandlungen in der Pflanze wichtige Substanz, ist Amidobernsteinsäureamid: $C_2H_3(NH_2)(CO.NH_2)COOH$.

[4]) Tryptophan $C_{11}H_{12}O_2N_2$ = Indolaminopropionsäure: $C_8H_6(CH_2.CH.NH_2.COOH)N$.

[5]) Die Galle wird als Lebersekret durch den Gallenblasengang zur Gallenblase geführt; hier sammelt sie sich an und wird nach Bedürfnis durch den Gallengang gemeinschaftlich mit dem Bauchspeichelgang in den Zwölffingerdarm eintreten. Manchen Säugetieren fehlt die Gallenblase z. B. dem Kamele, dem Hirsch und einigen Nagern; die Galle fließt bei diesen Tieren aus der Leber sofort in den Zwölffingerdarm.

ihren Einzelstoffen seien zunächst erwähnt: Etwa 0,2 Proz. Natriumkarbonat und etwa 0,2 Proz. Natriumphosphat, sodann die gallensauren Salze. Diese letzteren sind die Natriumsalze der Glykocholsäure $C_{26}H_{43}NO_6$ und der Taurocholsäure $C_{26}H_{45}NSO_7$. Beide Säuren sind Abkömmlinge der Cholsäure (Cholalsäure) $C_{24}H_{40}O_5$, nämlich Verbindungen dieser Säure mit Glykokoll (Amidoessigsäure $CH_2[NH_2]COOH$) bzw. Taurin (Amydoäthylsulfolsäure $NH_2 . C_2H_4 . SO_3H$). Die Cholate sind Transportmittel für die aus der Leber fortzuführenden Cholesterine; letztere werden nur bei Gegenwart gallensaurer Alkalien in der Galle gelöst. Die Cholesterine $C_{27}H_{46}O$ sind nach Hoppe-Seyler als Spaltungsprodukte aufzufassen, welche bei Umsetzungen des lebenden Protoplasmas gebildet werden; auf ihren Wanderungen durch Organe und Gewebe verwandeln sie sich in wesentlich reaktionsfähigeres Oxycholesterin $C_{27}H_{46}O_2$. Vielleicht besteht ein Zusammenhang zwischen Cholesterin und Gallensäuren derart, daß die letzteren von der ersten Substanz entstammen (J. Lifschütz). Im Darmkanal werden die gallensauren Salze größtenteils resorbiert.

Die Galle enthält auch Gallenfarbstoffe, und zwar vornehmlich gelbes Bilirubin und dessen Oxydationsprodukt, das grüne Biliverdin. Sie können als Abkömmlinge des Blutfarbstoffs (Hämoglobins) betrachtet werden, der beim Zerfall der roten Blutkörperchen frei wird, dann in die Leber übertritt, dort festgehalten und in Eiweiß und Hämatin gespalten wird. Das Hämatin spaltet alsdann Eisen ab und geht unter Wasseraufnahme in Bilirubin über.

Außerdem finden sich in der Galle vor: Muzin (in der menschlichen Galle) und Nukleoalbumin (in der Rindergalle), sowie: Lezithin, Fette, Seifen, Spuren Harnstoff, etwas Ptyalin[1]) und Mineralstoffe (Chloride und Phosphate des Kalziums, Magnesiums und des Eisens).

Der Galle ist in Hauptsache eine fettemulgierende Wirkung zuzuschreiben; die Fette sind in gut emulgierter Form assimilierbar. Auch behindert die Galle vermöge ihrer Bestandteile eine faulige Zersetzung des Darminhaltes.

Der schon mehrmals erwähnte Darmsaft ist ein

[1]) Ptyalin kommt nicht regelmäßig vor; es wird als Proenzym aus der Pankreasdrüse resorbiert und durch die Galle (und durch den Harn) aus dem Organismus entfernt.

Sekret zweier Drüsen der Darmschleimhaut. Er enthält etwa 0,5 Proz. Natriumchlorid, 0,5 Proz. Natriumkarbonat, Eiweiß und Muzin, ferner mehrere Enzyme. Unter den letzteren tritt in den Vordergrund das Erepsin (O. Cohnheim). Dieses nimmt die Albumosen und Peptone zum Angriffspunkte und baut sie zu leicht löslichen und daher leicht resorbierbaren Aminosäuren ab; dieses Enzym bildet also eine notwendige Ergänzung zur Pepsin- und zur Trypsinwirkung. Ferner wurden beobachtet ein diastatisches Enzym und mehrere wahrscheinlich invertierende Enzyme, auch ein fettspaltendes Enzym.

Der Darm wird im unteren Teile unzweifelhaft auch von einer Reihe Bakterien bewohnt, und diese spielen bei der Ernährung der Wirbeltiere und der Menschen eine wichtige Rolle dadurch, daß sie die Nahrung mit vorbereiten zu resorptionsfähigen Stoffen (M. Schottelius); sie üben ferner eine Reizung der Darmwand aus zur Auslösung der Peristaltik und sie überwuchern und vernichten pathogene, in den Darm etwa gelangende Bakterien, wodurch sie den Körper gegen pathogene Bakterien und gegen Bakteriengifte festigen.

Im Darm vollzieht sich also ein Abbau der organischen Nährstoffe bis zu dem Grade, daß die Nahrung resorptionsfähig wird; in nur geringem Maße tritt ein weitgehenderer Abbau ein.

Im Dünndarm treten nun zwar auch Gärungsvorgänge, jedoch keine Fäulnisprozesse auf, weil die fäulnisfähigen Stoffe schnell resorbiert werden. Die im Dünndarm vorhandenen Mikroben zersetzen vornehmlich die Kohlenhydrate unter Bildung von Äthylalkohol und organischen Säuren.

Im Dickdarm kann jedoch wegen der dort stattfindenden Stagnation der Inhaltmassen eine weitgehende Eiweißfäulnis entstehen, die — entgegengesetzt der Pankreasdrüsenwirkung — bis zur Bildung von Indol und Skatol (über Tryptophan), Parakresol und Phenol (über Tyrosin), Phenylproprionsäure, Phenylessigsäure, Paraoxyphenylessigsäure, Hydroparakumarsäure, flüchtigen fetten Säuren, Kohlendioxyd, Wasserstoff, Methan, sowie Methylmerkaptan und Schwefelwasserstoff (über Cystin) führt. Kohlenhydrate, darunter auch Zellulose, können an diesem Orte durch Bakterienenzymtätigkeit ebenfalls weitgehende Zersetzungen erleiden [1]).

Einige der genannten Zersetzungsprodukte gehen nach geschehener Resorption in den Harn über. Es sind das z. B. Oxysäuren und Phenole (direkt). Indol und Skatol werden oxydiert (Indoxyl, Skatoxyl), dann in Ätherschwefelsäuren übergeführt (Synthese) und erscheinen in dieser Form bzw. als Salze im Harn.

Nicht immer ist das durch die Darmbakterientätigkeit aus den Nährstoffen und deren nächsten Abbaukörpern erzeugte Produkt dem menschlichen bzw. tierischen Organismus wertvoll, man kann sich auch ausdrücken nicht immer ist es dem Organismus zuträglich. Metschnikoff glaubt sogar annehmen zu dürfen, daß das Verfallen des Körpers mit den vorrückenden Jahren (das Altern) als eine langsam verlaufende Vergiftung aufzufassen sei, hervorgerufen durch die Stoffwechselprodukte der den Darm, insbesondere dessen unteren Abschnitt, den Dickdarm, bevölkernden Bakterien, vornehmlich des Bacterium coli. Diese Auffassung ist nicht unbestritten geblieben.

Die bei den Zersetzungsvorgängen entstehenden Gase mischen sich der mit Speise und Speichel verschluckten Luft bei. Sauerstoff ist dann im Darm fast immer nur in Spuren vorhanden, Stickstoff findet sich regelmäßig durch verschluckte Luft vor, Kohlendioxyd entstammt teils dem Mageninhalt, teils der Eiweißfäulnis, teils Gärungsvorgängen der Kohlenhydrate und auch der Zerlegung des Alkalikarbonats im Darmsaft. Wasserstoff bildet sich nach Milchnahrung reichlich, nach Fleischnahrung in nur geringem Maße; er entsteht aber auch bei gewissen Gärungsvorgängen der Kohlenhydrate und des Eiweißes. Methylmerkaptan und Schwefelwasserstoff entstammen, wie oben bereits hervorgehoben, der Eiweißfäulnis; ebenso Methan, das jedoch zum kleinen Teil seiner Menge auch aus Lezithin entstanden sein wird.

Bei der Fäulnis im Darm werden ebenfalls eiweißhaltige Sekrete und die Galle in Mitleidenschaft gezogen. So entsteht aus Bilirubin das Hydrobilirubin neben braunen Farbstoffen. In dem Maße als die Resorption gehemmt ist und flüssige Massen im Darm sich anhäufen, nimmt die Fäulnis zu.

---

[1]) Der sichere Nachweis eines die Zellulose bis zu Zucker abbauenden tierischen Enzyms ist nur bei der Schnecke gelungen (Biedermann).

Der gesamte unverdaute Rückstand mit unresorbierten Resten wird im Darm fortgeschoben und als Exkrement durch den Dick- bzw. Mastdarm entleert; er verfällt der Verwesung auf dem Ackerboden oder an anderen Orten. Der resorbierbare Verdauungssaft dagegen wird von den Darmzotten aufgesogen und durch diese den Blutgefäßkapillaren oder den Chylusgefäßen (das sind Endausläufer der Lymphgefäße) zugeführt. Es ist die Schleimhaut des gesamten

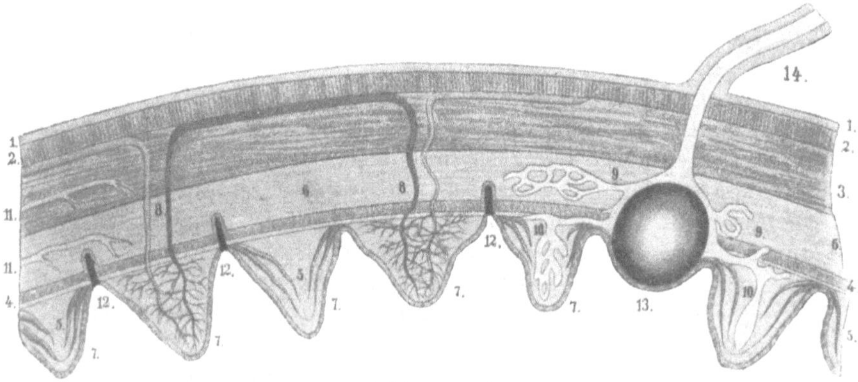

Abbildung 19.

Teil eines Dünndarm-Querschnitts (schematisch).

1. Bauchfellüberzug des Darmes.
2. Äußere Ring-Muskelschicht.
3. Äußere Längs-Muskelschicht.
4. und 5. Innere Muskelschicht.
6. Schleimhautgewebe.
7. Darmzotten mit Epithelzellen überzogen.
8. Blutgefäße, in den Zotten sich verzweigend.
9. Lymphgefäßnetz der Schleimhaut.
10. Lymphgefäß (Chylusgefäß) der Zotten.
11. Nerven.
12. Lieberkühnsche Drüsen.
13. Ein Follikel.
14. Lymphgang.

(Aus P. Ebenhöch und Th. Himmelein: Der Bau des menschlichen Körpers. Eßlingen. J. F. Schreiber.)

Dünndarms mit Querfalten, weit hervorragenden Zotten und Drüsen reichlich ausgestattet. In diese münden die zahlreichen Saugäderchen, die aus dem Speisebrei die resorbierbaren Nährstoffe (Milchsaft oder Chylus) aufsaugen. Diese Äderchen sind zu Millionen vorhanden; sie bilden stellenweise ganze Knäuel und vereinigen sich netzartig zu größeren Saugadern, welche schließlich in einen Hauptstamm, den sogenannten Milchbrustgang, übergehen. Dieser steigt durch das Zwerchfell zur Brusthöhle hinauf und ergießt hier seinen Inhalt in das Blutadersystem zur Erhaltung des

Blutes. Außer den Lymphgefäßen beteiligen sich aber auch die kleinsten Blutgefäßkapillaren der Zotten und des übrigen Darmkanals an der Aufsaugung des Nahrungssaftes, den sie dann durch die Pfortadern der Leber zuführen. Blut, Lymphe und Chylus vollziehen den Transport der Nahrungssäfte; es finden auf diesem Wege nur vorbereitende Arbeiten für die Resorption statt. Solche vorbereitende Arbeiten — also abbauende neben aufbauenden chemischen Umwandlungen — besorgt auch die Leber.

Die Zuckerarten werden von den Blutgefäßkapillaren, Fettprodukte in den Chylusstrom mit dem Blute zugeführt. Der Darm ist imstande, die Zusammensetzung der Fette während der Resorption wesentlich zu ändern; anscheinend herrscht die Neigung zur Erzeugung eines gleichförmigen charakteristischen Körperfettes des betreffenden Tierindividuums (M. R. Bloor). Der Überschuß an Zucker — also der zur Erzeugung von Körperwärme nicht verbrannte Zucker — speichert sich als Glykogen in der Leber auf. Die Leberzellen haben die Fähigkeit, Glykogen wieder zu Zucker zu hydrolysieren und nach Bedarf an das Lebervenenblut abzugeben (Cl. Bernhard). Zwischen Reservestärke der Pflanze und Reserveglykogen der Leber besteht also gewissermaßen eine Analogie.

Je weiter der Speisebrei im Dünndarm herunterrückt, um so mehr wird der flüssige Speisesaft von den Saugadern herausgesogen; dementsprechend ist größtenteils Festes und Untaugliches in den Dickdarm gelangt. Dieser Teil des Darms vollendet also die Aufgabe der Verdauung durch Aufsaugung der überschüssigen Flüssigkeit, selbstredend erfolgt durch ihn — wie erörtert — auch die Ausscheidung des Unverdaulichen.

Anteil des Blutes an der Verarbeitung der Nährstoffe.

Einen wesentlichen Anteil an der Verarbeitung der Nährstoffe, mithin an der Ernährung des Organismus, nimmt — wie zum Teil bereits ausgeführt — das Blut. Ist es doch diejenige Substanz, die den Sauerstoff der Atmosphäre auf dem Atmungswege bindet und so, ihn aktivierend, den Blutbahnen und Geweben zur Oxydation der eingeführten kohlenstoffhaltigen Nährstoffe zuführt. Das Blut ist gewissermaßen ein flüssiges Gewebe. Es besteht aus einer durchsichtigen Füssigkeit, dem Blutplasma (Faserstoff, Eiweiß, Zucker, Fett und Salze enthaltend), in welchem große Mengen fester Partikelchen, die roten Blutkörperchen (Ery-

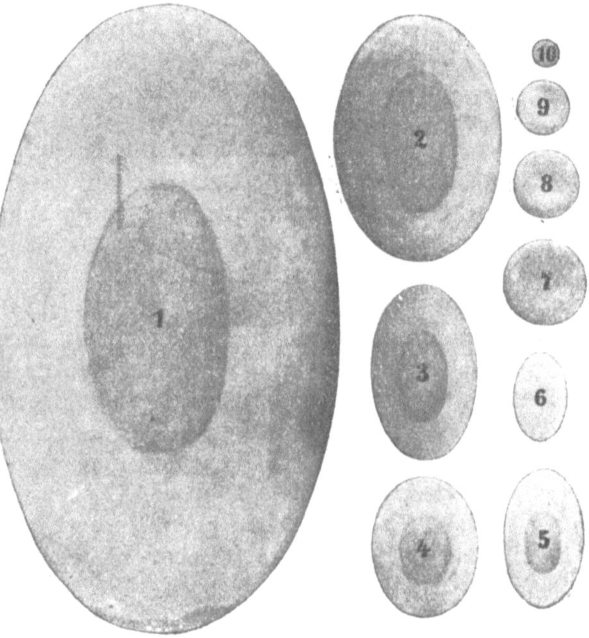

Abbildung 20.
Photographie der Welckerschen Blutkörperchen-Modelle, die Blutkörperchen 1500:1 darstellend.
(Nach J. Sobotta. Atlas und Lehrbuch der Histologie. München. J. F. Lehmann.)

1.	Proteus	58,00 : 35,0 μ
2.	Frosch	22,3 : 15,7 μ
3.	Eidechse	15,79 : 9,9 μ
4.	Schleie	12,8 : 10,2 μ
5.	Buchfink	12,4 : 7,5 μ
6.	Lama	8,00 : 4,0 μ
7.	Mensch	7,2 : 7,8 μ
8.	Siebenschläfer	6,2 μ
9.	Ziege	5,4 μ
10.	Moschustier	2,5 μ

(μ = ein tausenstel Millimeter.)

throzyten) und die weißen Blutzellen (Leukozyten) und die farblosen Blutplättchen (Hämatoblasten = Thrombozyten) suspendiert sind. Die Erythrozyten enthalten den roten Blutfarbstoff; sie sind kernlos bei allen Säugetieren und kernhaltig bei den Vögeln, Reptilien, Amphibien und Fischen.

Die Leukozyten sind vollständige Zellen, sie sind vielleicht die ins Blut eingeführten Lymphkörperchen, welche dann möglicherweise nach und nach in rote Blutkörperchen umgewandelt werden. Die weißen Blutkörperchen sind befähigt durch die Kapillargefäße hindurch in die Gewebe zu wandern; sie vermitteln den Transport ungelöster

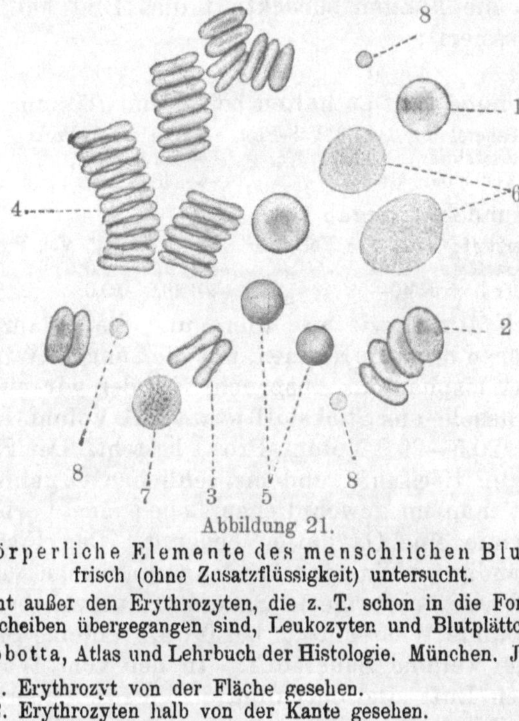

Abbildung 21.
Körperliche Elemente des menschlichen Blutes, frisch (ohne Zusatzflüssigkeit) untersucht.
Man erkennt außer den Erythrozyten, die z. T. schon in die Form bikonkaver Scheiben übergegangen sind, Leukozyten und Blutplättchen.
(Nach J. Sobotta, Atlas und Lehrbuch der Histologie. München. J. F. Lehmann.)

1. Erythrozyt von der Fläche gesehen.
2. Erythrozyten halb von der Kante gesehen.
3. Erythrozyten von der Kante gesehen (abgeänderte Form: bikonkave Scheibe).
4. Geldrollenartige Anhäufung der Erythrozyten.
5. Kugelige Erythrozyten (Varietät).
6. Leukozyten.
7. Grobgranulierter Leukozyt.
8. Blutplättchen (Trombozyten).

Substanzen (Fette, Pigmente), sie entfernen auch fremde Körper (Bakterien). Die Eiterkörperchen sind ausgewanderte, weiße Blutzellen. Das führt uns zu Allgemeinbetrachtungen zurück.

Das Blut erfüllt hauptsächlich zwei Aufgaben: a) Abgenutztes von den Organen fortzuführen und dafür b) Ersatz herbeizuführen. Hierzu bedarf es einer fortwährenden

Reinigung und Erneuerung. Das geschieht durch die Lungen, Nieren und Haut. In den Lungen wird die von den Haargefäßen in den Geweben aufgenommene Kohlensäure abgegeben; in den Nieren wird das überschüssige Wasser mit verschiedenen Zersetzungsprodukten ausgeschieden.

Es folge eine Tabelle, wie das Blut a) die Lungen verläßt, b) in die Lungen zurücktritt (das Blut hat dann die Muskeln passiert):

100 Volume Blut enthalten bei 0° und 760 mm Druck:

	a)		b)
Sauerstoff:	21,6 Vol.-Proz.	→	6,8 Vol.-Proz.
Stickstoff:	1,8 „	→	1,8 „
Kohlendioxyd:	40,3 „	→	48,0 „

Für Hundeblut ergab sich:

Sauerstoff:	21—25 Vol.-Proz.	→	6,6—14,5 Vol.-Proz.
Stickstoff:	etwa 2 „	→	1,8— 2,0 „
Kohlendioxyd:	40—53 „	→	46,0—59,0 „

Der Mensch atmet, wie alle Tiere und die Pflanzen. Den Fischen dienen dazu die Kiemen, uns die Lungen. Wir nehmen dazu die Atmosphäre in Anspruch, von der wir wissen, daß sie in Hauptsache aus Stickstoff (etwa 78,1 Volum.-Proz.) und Sauerstoff (20,5—20,9 Volum.-Proz.) besteht. Der Sauerstoff ist es, der im tierischen und menschlichen Organismus das leistet, was man im gewöhnlichen Leben eine Verbrennung, in der Chemie eine Oxydation benennt. Den Fischen und anderen ständig im Wasser lebenden Organismen wird hierzu der vom Wasser absorbierte Sauerstoff verwertbar.

100 Volume Wasser lösen bei 0°: 4,1 Volume Sauerstoff, bei 15°: 3,4 Volume Sauerstoff. In der vom Wasser aufgenommenen Luft sind enthalten 35,5 Proz. Sauerstoff und 64,5 Proz. Stickstoff, weil durch Wasser mehr Sauerstoff als Stickstoff gelöst wird.

Die ausgeatmete Luft enthält neben viel Wasserdunst etwa 4—5 Proz. weniger Sauerstoff und nahezu ebensoviel Kohlendioxyd mehr als die eingeatmete Luft.

Das wird durch die folgende Tabelle[1]) illustriert:

	Eingeatmete Luft		Ausgeatmete Luft
Stickstoff:	78,2	→	78,3
Sauerstoff:	20,8	→	15,2
Kohlendioxyd:	0,03	→	4,3
			Wasserdampf, minimale Mengen Ammoniak, zuweilen: flüchtige Substanzen (z. B. Alkoholdampf).

[1]) Entnommen S. 10 der Schrift von R. von Zeynek, l. c.

Auf welche Weise bindet der Organismus den ihm unentbehrlichen Sauerstoff? Es ist der schon häufig erwähnte Farbstoff des Blutes, das Hämoglobin (kohlenstoff-, wasserstoff-, stickstoff-, sauerstoff-, eisen- und schwefelhaltig), der im Atmungsprozeß den Sauerstoff der Luft zu Oxyhämoglobin absorbiert.

Ähnlich vereinigt sich das Blut aber auch mit einigen anderen Gasen, wie z. B. Kohlenoxyd, das bei unvollkommener Verbrennung sich bildet und das dann als giftiger Körper Kohlenoxydhämoglobin entstehen läßt.

Das Oxyhämoglobin spaltet aber den gebundenen Sauerstoff leicht wieder ab unter Rückbildung von Hämoglobin. Das kann geschehen, wenn es mit Stoffen zusammengebracht wird, die selbst leicht Sauerstoff aufnehmen, also oxydiert werden — dann ist das Blut bzw. das Hämoglobin ein Sauerstoffüberträger — oder wenn es einer bemerkenswerten Luftverdünnung ausgesetzt wird. 1 g Oxyhämoglobin vermag 1,6 ccm Sauerstoff zu binden (0° 760 mm Druck).

Auch andere Gase sind im Blute vorhanden, unter ihnen Stickstoff und Kohlendioxyd. Die Oxydationen gehen in den Organen vor sich. Man bezeichnet diesen Vorgang als die Gewebsatmung. Deren Intensität ist für die verschiedenen Organe, und auch bei jedem Organ unter verschiedenen Versuchsbedingungen, sehr verschieden.

Ein erwachsener Mensch benötigt im Mittel während 24 Stunden: 746 g Sauerstoff = 520 Liter Sauerstoff und er scheidet 876 g Kohlendioxyd = 443 Liter Kohlendioxyd aus. Eigentlich müßte er 520 Liter Kohlendioxyd ausscheiden; es muß also wohl ein Teil des Sauerstoffs zur Bildung anderer Körper verwendet werden. In der Tat wird Sauerstoff verbraucht z. B. um Eiweißstoffe zu oxydieren, oder um den Wasserstoff organischer Körper zu Wasser zu verbrennen.

Der Stickstoff der atmosphärischen Luft verhält sich gegenüber dem menschlichen und tierischen Organismus wohl ganz indifferent.

Der Blutkreislauf vollzieht sich folgendermaßen:

Die linke Herzkammer nimmt aus der Lunge aufgefrischtes arterielles Blut (sauerstoffreiches, hellrotes Blut) auf und treibt es durch die sich immer mehr teilenden Schlagadern in das Haargefäßsystem, wo es die den Organ-

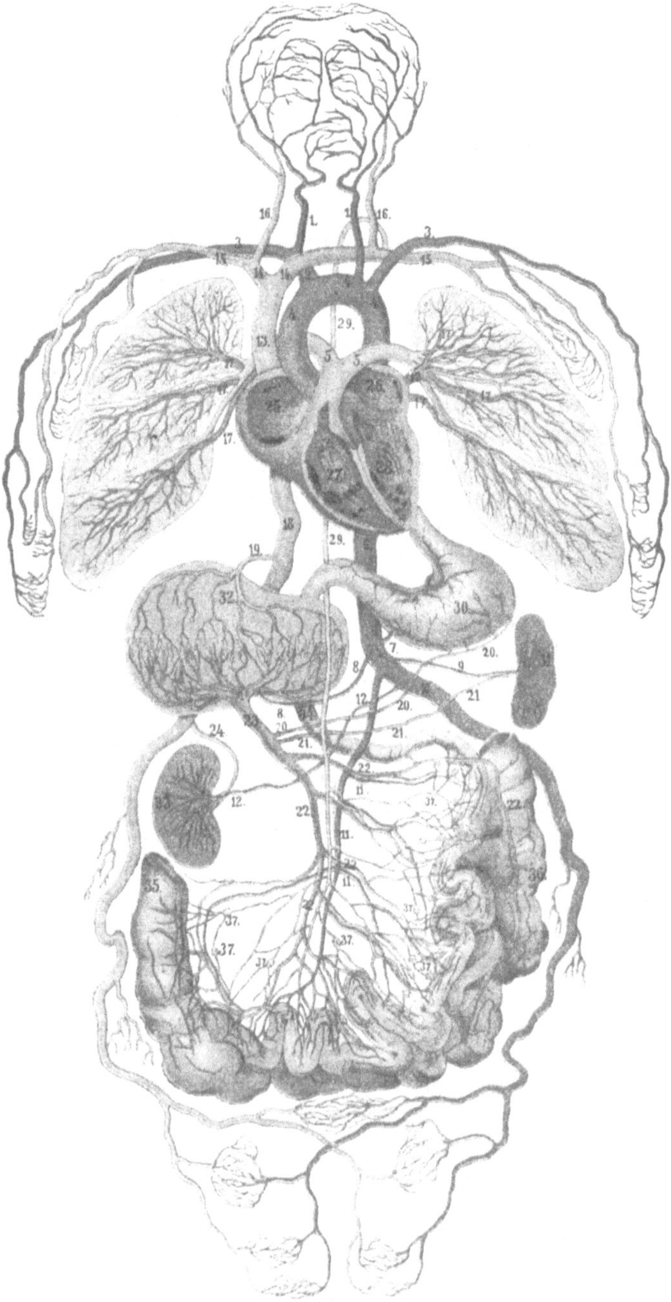

Abbildung 22.
Schematische Darstellung des Blutkreislaufes.
(Aus P. Ebenhöch und Th. Himmelein: Der Bau des menschlichen Körpers. Eßlingen. J. F. Schreiber.)

Zu Abbildung 22.

1. Kopfarterien.
2. Unbenannte Arterie.
3. Schlüsselbein-Arterien.
4. Bogen der Aorta (große Pulsader).
5. Lungenarterie.
6. Aorta der Brust.
7. Arterie des Bauches.
8. Leberarterie.
9. Milz-Arterie.
10. Unterleibs-Aorta.
11. Gekröse-Arterie.
12. Nieren-Arterie.
13. Hohe obere Vene.
14. Unbenannte Vene.
15. Schlüsselbein-Vene.
16. Hals- oder Drosselvenen.
17. Lungen-Vene.
18. Untere hohle Vene.
19. Leber-Vene.
20. Bauch-Vene.
21. Milz-Vene.
22. Gekröse-Vene.
23. Pfortader.
24. Nieren-Vene.
25. Rechte Vorkammer.
26. Linke Vorkammer.
27. Rechte Herzkammer.
28. Linke Herzkammer.
29. Milchbrustgang.
30. Magen.
31. Milz.
32. Leber.
33. Niere.
34. Zwölffingerdarm.
35. Aufsteigender Grimmdarm.
36. Abwärtsführender Grimmdarm.
37. Bauch-Drüsen.

teilen nötigen Stoffe — vornehmlich Sauerstoff — abgibt und Verbrauchtes — vornehmlich Kohlendioxyd — aufnimmt. Dadurch wird es dunkelrot. In den Blutadern wird das dunkelrote (venöse) Blut gesammelt und zur rechten Herzkammer zurückgeführt. Von hier aus wird es nun abermals durch die Lungenadern in die Lungen getrieben, aus der es — durch Aufnahme von Sauerstoff und Abgabe von Kohlendioxyd hellrot geworden — zur linken Herzkammer zurückkehrt.

Der Weg des Blutes durch den ganzen Körper heißt der große Kreislauf, der durch die Lungen allein: der kleine Kreislauf.

Auf die näheren anatomischen Verhältnisse bei den Fischen, den Krebsen u. a. will ich hier nicht eingehen. Ich verweise nur darauf, daß bei den Krebsen das Herz zwischen dem Kiemengefäßnetz und dem Körpergefäßnetz im arteriellen Strome liegt, bei den Fischen aber zwischen dem Körpergefäßnetz und dem Kiemengefäßnetz im venösen Strom (Körperherz — Kiemenherz).

Die Organteilchen verbrauchen aber nicht die ganze ihnen von den Haargefäßen abgegebene Nährflüssigkeit. Der Rest, die farblose Lymphe, wird durch besondere Gefäße, die Lymphgefäße, aufgesaugt und dem Blutkreislauf wieder zugeführt.

Es findet auch durch die Haut ein Gasaustausch statt; das ist die Hautatmung (Perspiration). Man kann wohl annehmen, daß vom erwachsenen Menschen auf diese Weise innerhalb 24 Stunden 8,4 g Kohlendioxyd ausgeschieden werden; dieselbe Zeiteinheit führt durch Lungenatmung, wie schon angedeutet, zur Abgabe von 800—1000 g Kohlendioxyd. Bewegung und Arbeit steigert die Hautatmung.

Anhang: **Harn.**

Die Harnabsonderung bezweckt, das Blut von seinem Überfluß an Wasser zu befreien und gleichzeitig untauglich gewordene Stoffe zu entfernen. Unter den letzteren sind vornehmlich die vom Stoffwechsel abgestoßenen alten, unbrauchbar und durch den Sauerstoff des Blutes abgebauten Gewebsbestandteile, auch gewisse Stoffe der Nahrung zu nennen. Abbauprodukte derselben werden vornehmlich als Harnstoff, Harnsäure bzw. harnsaures Alkali mit dem Harn ausgeschieden. In weniger reichlichen Mengen können auch vorhanden sein: Kreatinin, Leuzin, Taurin, Hippursäure, Xanthinstoffe, die schon S. 127 genannten ätherschwefelsauren Salze und andere Körper, auch Harnfarbstoffe, darunter das gelbe Urochrom und das Uroerythrin sowie das Hämatoporphyrin, letzteres entstanden aus dem Hämatin durch Eisenabspaltung und Wasseraufnahme.

Der Harn ist an erstgenannten Hauptbestandteilen um so reicher, je mehr stickstoffhaltige Substanz im Körper verarbeitet wird. Das ist z. B. bei reichlicher Fleischkost und bei starker Muskelbewegung der Fall. Würden die untauglich gewordenen Stoffe infolge gestörter Harnabsonderung im Blute zurückbleiben, so müßte eine Verschlechterung des Blutes eintreten. Bei den Menschen und den fleischfressenden Tieren enthält der Harn viel Harnstoff, wenig Harnsäure und sehr wenig Hippursäure; bei den Pflanzenfressern hingegen ist entsprechend der Nahrungsstoffart viel Hippursäure, wenig Harnstoff und keine Harnsäure vorhanden. Bei Umänderung der Nahrung muß sich daher auch die Zusammensetzung des Harns in seinen Bestandteilen ändern. Im krankhaften Zustand des Individuums enthält der Harn manchmal Zucker (Zuckerharnruhr), Eiweiß (Brightsche Nierenkrankheit), Gallenfarbstoff (Gelbsucht), Blut, Eiter u. a. m.

Der gleich nach der Entleerung festwerdende Harn der Vögel, beschuppten Amphibien, Insekten u. a. m. besteht überwiegend aus Harnsäure und harnsauren Salzen.

Einen Sonderfall stellt das Vorkommen von Indischgelb (Indian Yellow oder Piuri) im Harn der fast ausschließlich mit Mangoblätter gefütterten Kühe dar. So gewinnt man in Monghyr, einer Stadt in Bengalen, den Farbstoff durch Erhitzen des gesammelten Harns; er besteht aus Euxanthinsäure ($C_{19}H_{18}O_{11}$), gebunden an Kalk und an Magnesia und aus Euxanthon ($C_{13}H_8O_4$), teils gebunden, teils frei (v. Baeyer, Gräbe, T. N. Mukharji).

Es können selbstverständlich auch bei der Einnahme von Arzneistoffen diese selbst oder deren Zersetzungskörper im Harn der Menschen und Tiere vorgefunden werden, wie überhaupt die anormale Genußmittelzufuhr in den meisten Fällen auch eine anormale Zusammensetzung des Harns und anderer Sekrete des Organismus zur Folge haben wird.

Regelmäßig enthält der Harn aber auch eine Reihe anorganischer Stoffe; so finden sich, von Nahrungs- und Genußmitteln herrührend, viele Salze vor wie Kochsalz, saure phosphorsaure Alkalien, auch gleicherart Salze von Kalk und Magnesia, ebenfalls Sulfate der Alkalien. Von Gasen enthält der Harn hauptsächlich Kohlensäure neben geringen Mengen an Stickstoff und Sauerstoff.

Wesentlich verschieden von der beschriebenen Art der Ernährung des tierischen und menschlichen Organismus ist nun

das Leben des Embryo,

also das Leben der ungeborenen Frucht, das Fötalleben.

Dem ungeborenen menschlichen Wesen fehlt die Atmung durch Luftwerkzeuge; es bezieht seinen Sauerstoff aus dem Blute der Mutter mittels der Gefäße des Mutterkuchens, der Plazenta (Plazentaratmung). Daher mangelt ihm auch der ganze sogenannte kleine Kreislauf, also die Strömung des Blutes aus dem rechten Herzen in die Lungen und von da zurück ins linke Herz. Statt dessen wirkt der Fötalkreislauf: Es wird das Blut aus dem Mutterkuchen durch die Nabelvenen nach dem rechten Herzen getrieben; von da geht es durch das runde Loch der Scheidewand des Herzens sowie durch einen die Lungen- und Körperarterie verbindenden Kanal, den Ductus arteriosus Botellii, sofort in die Körperarterie (Aorta) und endlich durch die Nabelarterie wieder zum Mutterkuchen. Diese besonderen Blutbahnen des Fötus schließen sich nach der Geburt von selbst, sobald die Atmung und damit der kleine Kreislauf in Gang gekommen sind.

Der mütterliche Organismus bietet dem ungeborenen Kinde auch die gesamte Nahrung in einem zur Aufnahme fertig gebildeten Zustande; innerhalb des Mutterkuchens findet zwischen kindlichem und mütterlichem Blut ein ständiger Stoffwechselaustausch statt. Enzymatische Vorgänge sind hierselbst von Matthes beobachtet worden. Bis zum Augenblicke der Geburt entleert der Fötus keinen Kot; wohl aber werden als unbrauchbar abgestoßene Teilchen in Form von Schleim, Darmepithelien, Galle, verschluckten Wollhaaren u. a. m. abgesondert; d. i. das sogenannte Kindspech (Mekonium).

Allgemeines und Besonderheiten.

Die vorstehend beschriebenen Vorgänge passen auf viele der entwickelten sogenannten höheren Tiere ebenso wie auf den Menschen. Verschiedenartig ist jedoch unter den Tieren der Bau und schließlich auch die Funktion der Verdauungsapparate deshalb, weil wir — analog wie bei den Pflanzen — zwischen sogenannt niedrig- und hochentwickelten Tieren unterscheiden.

Die niedrigsten Tiere entbehren aller Verdauungsorgane, selbst einer Mundöffnung und eines Magens. Ihr gesamter Körper ist zur Nahrungsaufnahme geeignet; jede Stelle der Oberfläche desselben dient als Mund oder After, jede Stelle des Innern als Magen. Durch einen endosmotischen Vorgang wird jeder Stelle des Körpers ermöglicht, ernährende Stoffe an sich zu ziehen, in sich aufzunehmen und in enzymatischen Vorgängen zu verarbeiten. Die zur Nahrung dienenden Teile werden von der weichen Körpersubstanz allmählich umflossen, nach und nach umhüllt und in dem sie einschließenden Hohlraum gleich wie in einem Magen verarbeitet und ausgesogen, worauf die Überbleibsel aus dem Körper wieder ausgestoßen werden. Bei den Quallen und Polypen nimmt die mittlere Leibeshöhlung die Nahrung auf, verdaut sie und liefert die mit Wasser verdünnte Flüssigkeit in die mit der Leibeshöhle in Verbindung stehenden Räume und Kanäle, wo dieselbe durch flimmernde Zellen in Bewegung gehalten wird. Die Organe der Verdauung und des Kreislaufs fallen hier also zusammen.

Die Verdauungsorgane der Würmer und Insekten, die der Weichtiere, darunter auch der Muscheln, die der Reptilien sind schon wesentlich vollständiger ausgestaltet. Sie nähern sich den als allgemein beschriebenen tierischen Verdauungsmaschinen. Man vergleiche darüber die Beschreibungen in Speziallehrbüchern.

Bei den Vögeln erweitert sich die Speiseröhre zu einem sackförmigen Kropfe, in welchem die Speisen erweicht wer-

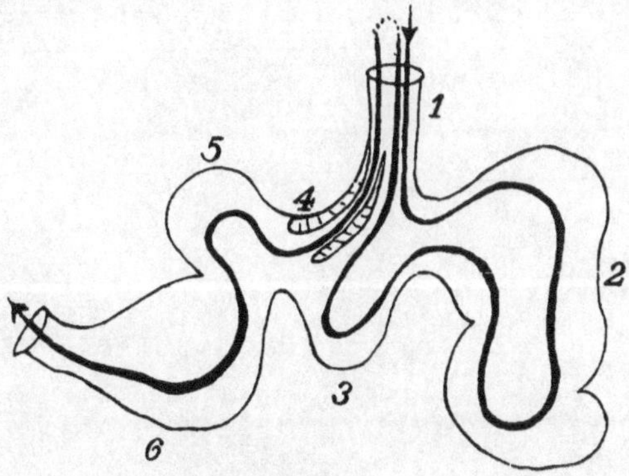

Abbildung 23.
Wiederkäuermagen (schematisch).
Nach R. Hesse.
Die Pfeillinie deutet den Weg des Futters an.
1. Schlund. 3. Netzmagen. 5. Blättermagen.
2. Pansen. 4. Rinne. 6. Labmagen.

den; die Speiseröhre verengt sich nun wieder und gestaltet sich zum drüsischen Vormagen um, der dann in den sehr dickwandigen Hauptmagen übergeht, in welchem bei körnerfressenden Vögeln durch abwechselndes Zusammenziehen der Muskelhälften die Zerkleinerung der Nährstoffe stattfindet.

Der Darmkanal der Säugetiere zeigt sich um so mehr ausgebildet, je mehr das Tier auf Pflanzenkost angewiesen ist. Am meisten ausgebildet ist der Magen der Wiederkäuer. Derselbe zerfällt in vier Abschnitte. Zunächst nimmt der Pansen (Wanst) die verschluckten Nahrungsmittel auf; sie gelangen dann in den Netzmagen (Haube), von wo sie, nachdem sie hier eingeweicht wurden, durch eine Art Brechreiz wieder durch den Schlund in den Mund heraufgedrückt werden. Inzwischen sind die Speisen eingespeichelt; es wirken im stark alkalischen — etwa 0,7 Proz. natriumkarbonathaltigen — Speichel Bakterienenzyme nicht nur zerlegend und dabei in etwa auch vergärend auf Stärke ein, sondern auch stellenweise vergärend auf die Zellulose (z. B. des Heus), wobei sich Kohlendioxyd, Methan und niedere Fettsäuren bilden (Tappeiner); die letzteren werden dann im Darmkanal während der Resorption

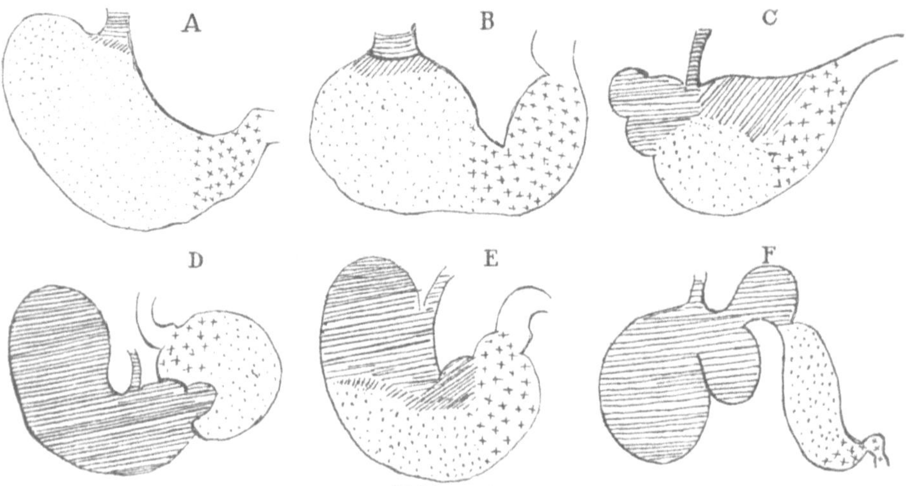

Abbildung 24.
Schemata der Mägen von Mensch (A), Hund (B), Ratte (C), Hamster (D), Pferd (E) und Wiederkäuer (F).
A, B, F nach Oppel; C, E nach Edelmann; D nach Toepffer.
Die wagrechten Linien bezeichnen das geschichtelte Epithel des Schlundes und des Schlundabschnittes des Magens; das einschichtige Epithel des Magens zeigt verschiedene Drüsenbildungen (in der Zeichnung schräg gestrichelt, punktiert, gekreuzt).

der Nähr- und Genußstoffe fast ganz verwertet. Sind die Futterstoffe nach erneuter Einspeichelung sorgfältig gekaut, so fließen sie durch eine Rinne der Speiseröhre sogleich in den Blättermagen (Kalender) und gehen dann durch den Labmagen; dieser enthält Pepsin und Salzsäure. Nun folgt der Zwölffingerdarm, in welchem die weiteren zur Verdauung und zur Vorbereitung der Resorption nötigen chemischen Umwandlungen der Nährstoffe weniger durch Bakterienenzyme als vielmehr durch die verdauend wirkenden Sekrete des Tierkörpers (Bauchspeichel, Darmsaft, Galle) stattfinden.

Chemische Stoffumwandlungskörper besonderer Art finden sich vielfach in Einzelfällen; schon wurden deren zahlreiche angeführt.

Mit der Bezeichnung Kochenille benennt man ein Stoffgemenge, das dem Weibchen der in Mexiko und Zentralamerika einheimischen, aber auch an mehreren anderen Orten erfolgreich kultivierten Schildlaus, Coccus cacti zu eigen ist[1]). Aus ihm kann der Farbstoff Karminsäure ($C_{22}H_{22}O_{13}$), d. i. Karminrot, gesondert werden; es ist ein α-Naphthachinonderivat.

Coccus ilicis, ebenfalls eine Art Schildlaus, die vornehmlich auf der Steineiche und Kermeseiche lebt, liefert den Kermes, einen orangeroten Farbstoff, der vielleicht Kermessäure ($C_{18}H_{12}O_9$) oder ein karminsäurehaltiger Körper ist.

In gewissen Schaltieren (Schnecken) kommt ein Saft vor, der den Purpurfarbstoff der Alten lieferte (Purpurati der Römer; Farbstoff des Purpurmantels der Kardinäle u. a.). Die färbende Sekretion des Tieres ist in einem kleinen Gehäuse unter der Schale nahe dem Kopf enthalten. Zunächst blaßgelb wird der Saft am Licht bald purpurfarben. Der Farbstoff besteht aus Kohlenstoff, Wasserstoff und Sauerstoff; er ist ein Trioxyanthrachinon der Formel

$$C_6H_4(CO)_2C_6H(OH)_3 + H_2O.$$

Veränderung nach dem Absterben.

Erlischt das Leben, so können nach dem Tode zunächst immer noch gewisse, auch im Organismus während des Lebens sich abspielende Vorgänge chemischer Art stattfinden. Es hat sich gezeigt, daß dann z. B. eine gewisse Selbstverdauung im menschlichen Magen durch Pepsin-Salzsäure stattfinden kann, wie außerdem auch der Darminhalt kurze Zeit dem Einfluß der enzymatischen Stoffe ausgesetzt bleiben wird.

Alsdann aber beginnt sehr schnell der Zerfall der leiblichen Hülle, d. h. der den Körper aufbauenden organischen Stoffe. Je nach der Natur dieser letzteren sind die sich bildenden Zersetzungsprodukte und mit ihnen die sich darbietenden Bilder verschieden. Verwesung, Gärung und

[1]) Das Tier lebt auf verschiedenen Arten der Gattung Opuntia, namentlich auf O. decumana, der sogenannten Nopalpflanze.

Fäulnis sind die Bezeichnungen für diese verschiedenen Zersetzungsformen. Wir wissen, daß der Zerfall der organischen Substanz, mag sie dem Tierkörper oder dem Pflanzenmaterial angehören, durch das Wirken niederer, zumeist einzelliger chlorophyllfreier Organismen bedingt wird.

Sind also die Funktionen des lebenden Organismus durch den Tod zum Stillstand gebracht, so beginnen in dem Körper alsbald chemische Umwandlungen einzutreten, welche von den im lebenden Zustande des Organismus hervorgerufenen Vorgängen sehr verschieden sind. Die organische Masse beginnt sich zu zersetzen. Der gesamte Stickstoff, vornehmlich der der Eiweißmoleküle, liefert, in Gemeinschaft mit den anderen elementaren Bestandteilen Produkte, die je nach dem Einflusse der Temperatur, der Luftzufuhr und der durch die Umgebung zugeführten, wie der während der Zersetzung gezüchteten und genährten Mikroorganismen verschieden sein können. Ein ähnliches gilt für alle kohlenstoff-, wasserstoff- und sauerstoffführenden Bestandteile. Die Endprodukte dieser Zersetzung sind wieder jene Stoffe, die der pflanzliche Organismus zum Aufbau der organischen Substanzen benötigte; es waren dies Kohlendioxyd, Wasser, Ammoniak, Nitrate und einzelne andere anorganische Verbindungen.

Zusammenfassung.

So erscheint die Ernährung im Pflanzen- und Tierreich als ein ununterbrochener Kreislauf des Stoffes (Kohlenstoff, Stickstoff, Wasserstoff, Sauerstoff, anorganische Salze).

Der Kohlenstoff des Kohlendioxyds der Atmosphäre wird zum Kohlenstoff des Stärkemehls, des Zuckers, der Zellulose, des Fettes, des Pflanzeneiweißes; er wird dann zum Kohlenstoff unseres Blutes und unserer Organteile und kehrt aus diesen früher oder später in der Form von Kohlendioxyd wieder in die Atmosphäre zurück, aus der er entnommen wurde.

Der Stickstoff der Atmosphäre wird zum Eiweiß und zu anderen stickstoffführenden Organteilen der Pflanze; als Eiweiß gelangt er in den menschlichen Organismus, bildet hier Bestandteile des Blutes, des festen Fleisches und anderer Organteile; und beendet dann schließlich der Organismus seine Lebenstätigkeit, so wandert er in der Ammoniakverbindung zu dem Ackerboden, also zur Erdrinde oder zur Atmosphäre zurück.

Analog verhält es sich mit den übrigen Elementarstoffen und mit den Mineralstoffen, welche den Menschen- oder Tierleib zusammensetzen. Der wichtigste der wichtigen Vorgänge im chloropyllhaltigen pflanzlichen Organismus ist also eine Reduktion, nämlich die Assimilation der Kohlensäure unter Bildung sauerstoffärmerer Produkte und Sauerstoffabgabe, ein Vorgang, welcher der Pflanze verbrennbares Stoffmaterial liefert und ihr so den Energiegewinn sichert, der nur auf dem Wege der Atmung für sie erreichbar ist — ein Vorgang, der gleichzeitig dadurch erhöhte Bedeutung, ja eine einzigartige Bedeutung für das gesamte Leben auf unserem Planeten gewinnt, daß den Tieren durchweg die Fähigkeit zu ähnlichen synthetischen Leistungen abgeht und sie alle ihren Bedarf an organischem Material in letzter Instanz von den grünen d. h. den zur Kohlensäureassimilation befähigten Pflanzen beziehen. Die synthetische Tätigkeit der grünen Pflanze ist es also, welche das gesamte Tierleben auf unserem Planeten erst ermöglicht.

Nochmals anders ausgedrückt: Die Pflanze bildet ihre Organteile aus Bestandteilen der Atmosphäre (Kohlendioxyd, Wasser, daneben Stickstoff in mittelbarer oder unmittelbarer Zufuhr) und Mineralstoffen der Erde zur Hauptsache in *aufbauenden* Vorgängen; das Tier und der Mensch bilden ihre Organteile unter Benutzung der in den Pflanzen aufgebauten bzw. der teilweise in Tieren der Umgebung umgebildeten pflanzlichen Stoffe zur Hauptsache in *abbauenden* Vorgängen. Im Gegensatze zu den Vorgängen in den pflanzlichen Organismen fehlt also dem tierischen Organismus die Möglichkeit der Assimilation von atmosphärischer Kohlensäure und von atmosphärischem Stickstoff.

Tier- und Pflanzenleben scheinen dementsprechend voneinander abhängig zu sein. Ob dasjenige, was wir heute als tierisches Gebilde bezeichnen, ehedem *in der allereinfachsten Form* mit einem pflanzlichen Organismus vergesellschaftet war, so, daß der pflanzliche Organismus die Entstehung eines schmarotzenden, später tierartig entwickelten Gebildes gewissermaßen verursacht hat, ist meines Erachtens logisch denkbar, jedoch unerwiesen. Erwiesen ist jedoch, daß die chemischen Grundlagen des Lebens Bestandteile der Atmosphäre und der Erde sind.

Die

Ursache der Lebensfunktion

ist ein Rätsel. Die physiologischen Forschungen insbesondere, daneben Forschungsergebnisse aller anderen Naturwissenschaften, unter ihnen auch die der Chemie, haben zu dem Versuche beigetragen, dieses Rätsel zu lösen. In vielfachen Einzelheiten ist die Lösung vorzüglich gelungen, die Lehrbücher der Sonderwissenschaften berichten darüber; in nicht wenigen anderen Einzelheiten harrt das Rätsel noch der Lösung. Es hat auch nicht an Versuchen gefehlt, die Frage nach dem Übergang von anorganischem, scheinbar leblosem Stoff zu sogenanntem lebendigen organischen Stoff [1]) in einem Sinne zu beantworten, der uns die Entstehung des Lebens erklärt, so wie wir das Leben im pflanzlichen und tierischen Gebilde um uns herum erkennen. Keine der vielfachen geistreichen Hypothesen genügt der Logik menschlicher Denkungsweise; kein Mensch der jetzigen Erde hat es vermocht, ein organisches Gebilde mit Lebensfunktion der Pflanze oder des Tieres aus anorganischem oder sogenanntem organischen Stoff zu erzeugen. Soweit sehen wir doch schon jetzt: einen prinzipiellen Unterschied zwischen anorganischem und organischem Stoff, zwischen scheinbar leblosem und sogenanntem lebendigen Stoff gibt es nicht; alle Körper sind reaktionsfähig und in diesem Sinne lebensfähig, sobald sie den Bedingungen ihrer Umwandlungsmöglichkeit ausgesetzt werden. Ehedem befanden sich wohl alle Einzelkörper der Erde und ihrer Atmosphäre in mehr aktivem Zustande[2]) als heute; ein durch sehr verschiedenartige Umwandlungen wechselreiches Bild wird damals auch die anorganische Welt geboten haben. Zurzeit ist neben einzelnen anorganischen Körpern der pflanzliche und der tierische Organismus als ein in der Hauptsache

[1]) Der organische Körper kann leblos sein wie z. B. der Zucker des Frühstückstisches oder er kann Lebensfunktionen ausüben wie das Komplexgefüge im Zellenverband des pflanzlichen und tierischen Organismus. Aber sowohl die eine wie die andere Form kann mit Bestandteilen der Atmosphäre und der Erdkruste in Wechselwirkung treten; deshalb sind beide „lebendige Stoffe im allgemeinen Sinne", doch nur das pflanzliche und tierische Gebilde „lebend im besonderen Sinne".

[2]) Z. B. atomistischer Zustand einzelner Körper, in Gasform und Kolloidzustand vieler der molekularen festen Körper und ihrer Komplexverbindungen auf der sich abkühlenden, wasserführenden Erdoberfläche.

kohlenstoff-, wasserstoff-, sauerstoff-, stickstoffhaltiges Komplexgefüge derjenige Stoffkörper der Erde, der bei der jetztweiligen chemischen Zusammensetzung und dem jetztweiligen physikalischen Zustande der Atmosphäre und Erdkruste den günstigsten Bedingungen der Umwandlungsmöglichkeit ausgesetzt ist. Ein Übergang vom Anorganischen zum Organischen ergibt sich also logischerweise von selbst, weil das sogenannt Organische ebenso wie das sogenannt Anorganische, weil ferner das sogenannt Lebendige ebenso wie das sogenannt Tote aus nichts anderem als Einzelstoffen der Erde und ihrer Atmosphäre besteht.

Wir haben also nur noch die Bewegung der Masse logisch zu erklären. Jeder zwischen Flüssigkeit in allerfeinster Verteilung entstehende feste Körper — sagen wir kurz jeder Kolloidstoff — bewirkt eine Bewegung, die sich in fast allen Fällen durch den Unterschied im spezifischen Gewicht seiner eigenen Masse und dem der Flüssigkeit in einem gewissen Tempo als Folge der Fallgesetze vervielfachen wird. Dabei löst sich eine Gegenbewegung aus, die als Stoßkraft der Flüssigkeit gedacht werden kann. Das wird uns klar, wenn wir uns den festen Körper als feinstes Häutchen denken, dessen Flächenausdehnung seinen Fall in der Flüssigkeit außerordentlich verlangsamen wird. Im Ultramikroskop können wir solche Bewegungen allerfeinster Suspension beobachten. Ähnliches gilt für die Entstehung der sogenannten flüssigen Kristalle, das sind Gebilde, die sich aus Flüssigkeit zwar ausscheiden, die später auch Kristallform annehmen, die jedoch zunächst in ihrem Komplex flüssig sind. Infolge der Verschiedenheit ihres spezifischen Gewichtes und des der Flüssigkeit aus der sie entstanden sind, führen sie, wie der Kolloidstoff, Bewegungen aus, die mit Rollen und Fallen verglichen werden können, bis sie in den festen kristallinischen Zustand übertreten, der ihre Massenlage als eine Folge der in die feste Vereinigung eingetretenen Massenvielheit sehr bald sichert. Schon die Benutzung unserer Laboratoriumsmikroskope ermöglicht es vielfach die Bewegungen solcher flüssigen Kristalle zwischen Flüssigkeiten zu verfolgen. Reibung und Wärme mit hie und da sich einstellender chemischer Umwandlung des Stoffes sind mit der Erscheinung der Bewegung verknüpft. Es ist auch klar, daß sich die Wirkungen im Verhältnis der Suspensionsmengen und im Verhältnis der Verschiedenheiten der spezifischen Gewichte der festen Körper einerseits und der flüssigen Körper andererseits, vervielfachen, natürlich aber auch vermindern können. Auf diesem einfachen Wechsel von flüssigem zu stellenweise festem Zustande der Masse — allgemein ausgedrückt: durch Änderungen des Aggregatzustandes der Masse — lassen sich Vorgänge komplizierterer Art ableiten, die in den Lehrbüchern der Physiologie der Zelle und des Zellenverbandes der Pflanzen- und Tierwelt beschrieben werden. Denn der tierische wie der pflanzliche Körper ist durchsetzt von Kolloidstoffen und Flüssigkeiten; er ist, im Ganzen betrachtet, mehr Kolloid als Kristall. Und immer von neuem bildet sich Kolloidstoff, in untergeordnetem Maße auch Kristallstoff im Stoffwechsel der organischen Welt. Daneben kommen für das Leben der Organismen ohne Zweifel viele andere Erscheinungen physikalischer Natur in Frage. Die Lebensfunktion ist daher nicht das Resultat nur *einer* Ursache, sondern die Summe vielfacher voneinander abhängiger Erscheinungen in der Natur. Doch ermangelt dem Menschen die restlose Erklärung der Beziehung dieser sogenannten lebendigen Massen zu der Erde, weil eben doch gar manche *physikalische* und *chemische* Einzelheit in Stoff und Kraft der Erde und ihrer Atmosphäre uns unbekannt ist.

Daher auch fehlt dem Menschen die Erkenntnis der Entstehung von unter sich ungleich erscheinenden elementaren Massen aus der elementaren Urmasse, daher fehlt ihm ferner die Erkenntnis der Beziehungen, in denen diese Erdenkörper zu der physikalischen und chemischen Materie der übrigen Gestirne und des Weltalls überhaupt stehen. Und zuletzt: es fehlt diesem Erdenmenschen die logische Erkenntnis eines Anfangsstadiums von Kraft und Stoff, d. i. die Erklärung einer ersten Entstehung von Kraft und Stoff oder von Kraft allein und von Stoff allein.

Hypothetisches.

Es tritt wohl mit einigem Interesse die Frage auf: **Werden auch die anderen Planeten organisches Leben beherbergen können?** Chemische Umwandlungen von kohlenstoff-, wasserstoff-, sauerstoff- und stickstoffhaltigen Komplexen — mit anorganischem Gerüst oder ohne solches — können im Sinne des heutigen organischen Lebens der Erde nur vor sich gehen, wenn der Planet sich mit einer erkalteten Erdkruste versehen hat und wenn eine Atmosphäre vorhanden

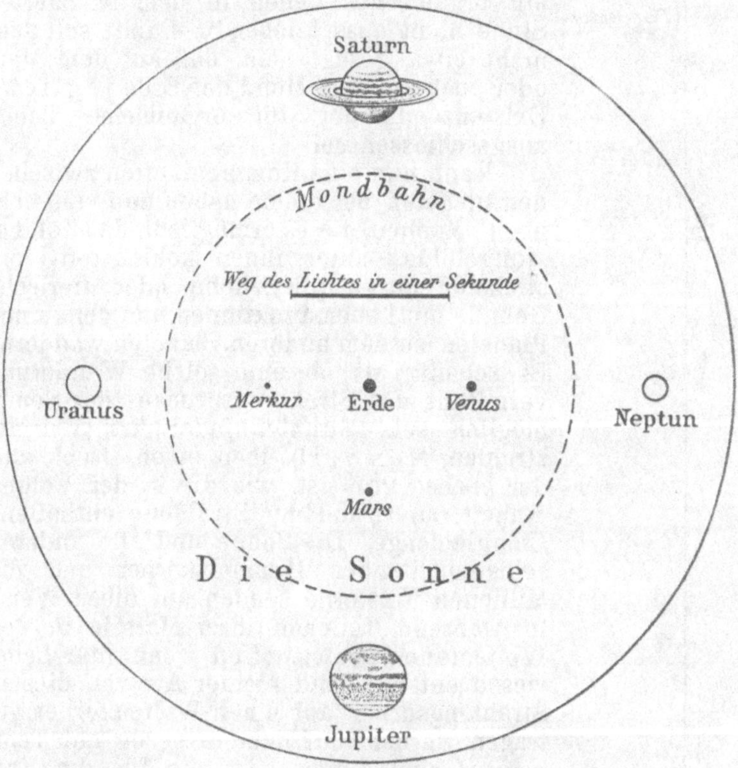

Abbildung 25.
Größenverhältnisse der Planeten zur Sonne.

Mittlere Dichte der Sonne: 1,42; des Merkur: 6,57; der Venus: 4,52; der Erde: 5,52; des Mars: 3,98; des Jupiter: 1,36; des Saturn: 0,72; des Uranus: 1,09; des Neptun: 1,68; des Erdmond: 0,61.

(Aus J. B. Messerschmitt: Die Erde als Himmelskörper. Stuttgart 1909. Strecker & Schroeder.)

ist, welche die Umwandlungen des organischen Komplexes ermöglichen, so zwar, daß das Komplexgefüge den Aufbau von lebendiger Zelle zu lebendiger Zelle vollziehen kann.

Es scheint nun, daß die vier inneren Planeten unseres Weltensystems, nämlich Merkur, Venus, Erde, Mars und auch die zwischen Mars und Jupiter kreisenden kleinen Planeten mit einer festen Kruste versehen sind; es scheint ferner, daß unter diesen außer auf der Erde auch auf der Venus erdgeologische und atmosphärische Verhältnisse bestehen, die ein organisches Leben in dem skizzierten Sinne nicht ausschließen [1]). Damit soll aber nicht etwa gesagt sein, daß auf dem Mars oder auch auf dem Mond der Erde jegliche Existenzbedingung für organisches Leben ausgeschlossen sei.

Kann nun eine Kommunikation zwischen den Planeten bestanden haben und vielleicht noch bestehen, die es ermöglicht, daß Kohlenstoffgebilde, unter ihnen kohlenstoff- und stickstoffhaltige pflanzliche oder tierische Gebilde mit Lebensfunktionen, von dem einen Planeten zu dem anderen Planeten wandern? Es scheint, als ob eine solche Wanderung vermittels des Strahlungsdruckes der Sonne möglich sei. Strahlen jeder Art (Wärmestrahlen, Maxwell) üben einen Druck aus, der ebenso groß ist, wie die in der Volumeinheit auf Grund der Strahlung enthaltene Energiemenge. Die Sonne und alle anderen selbstleuchtenden Himmelskörper und die Millionen Fixsterne senden auf diese Weise fortwährend Teilchen ihrer Materie in den Weltenraum hinaus. Und wenn nun Lebewesen entsprechend kleiner Art von diesem Strahlungsdruck auf einen Weltenkörper getragen werden, auf dem in bezug auf Temperatur und Atmosphäre die für die Entwicklung passenden Verhältnisse herrschen, so ist damit der Beginn der organischen Lebensentwicklung gegeben. Solche Lebewesen müßten der Berechnung nach freilich nur etwa 0,00016 mm Durchmesser haben [2]). Die Erhebung der kleinen Sporen in der Atmosphäre ist nach physikalischen Gesetzen trotz der Schwerkraft der Erde mög-

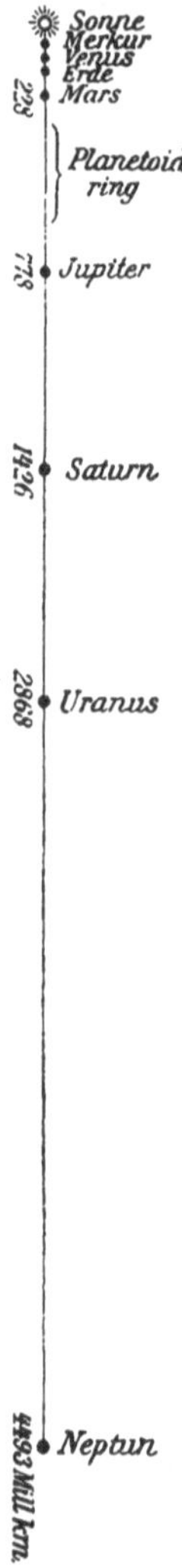

Abbildung 26. Entfernungen der Planeten von der Sonne. (Aus J. B. Messerschmitt: Die Erde als Himmelskörper. Stuttgart 1909. Strecker & Schröder.)

[1]) Es dürfte die Venus die dichteste Atmosphäre, unsere Erde eine schon weniger dichte Atmosphäre und Mars vielleicht nur eine sehr dünne Atmosphäre besitzen.

[2]) 0,0003—0,0002 mm Durchmesser zeigen die Dauersporen vieler Bakterien.

lich [1]), ebenso ist die Lebensfähigkeit vieler Sporen im trockenen Raum wie auch unter dem Einflusse scharfer Kälte nach biologischen Forschungen durchaus möglich.

S. Arrhenius berechnet, daß solch kleine Körper, auf die angedeutete Weise von der Erde losgetrennt, die Marsbahn schon nach 20 Tagen, die Jupiterbahn nach 80 Tagen, die Neptunbahn nach 14 Monaten überschreiten können und das nächste Sonnensystem, Alpha Centauri nach 9000 Jahren erreichen [2]).

Es ist viel für diese Lehre: die Panspermin-Hypothese benannt, geschrieben, manches aber auch gegen ihre Berechtigung gesagt worden. So äußert sich P. Becquerel sehr skeptisch, indem er zeigen zu können glaubt, daß unter den im interplanetaren Raum herrschenden Bedingungen die Keimfähigkeit der Sporen von den ultravioletten Strahlen vernichtet, Bakterien und Pilze aber schon in kurzer Zeit abgetötet werden.

[1]) Zunächst kommen die Sporen bzw. Keime durch die Luftströmmungen leicht bis zu 100 km Atmosphärenhöhe. Um nun diese Keime über die Atmosphäre in den Weltenraum hineinzubringen, zieht S. Arrhenius elektrische Kräfte herbei. In 100 km Höhe treten die strahlenden Erscheinungen des Nordlichtes auf, die auf der Entladung großer Mengen negativ elektrisch geladenen, von der Sonne kommenden Staubes beruhen. Nimmt nun ein Keim bei der elektrischen Entladung negative Elektrizität aus dem Sonnenstaub auf, so kann er durch die Elektrizität der Staubpartikelchen in das Äthermeer gestoßen und vom Strahlungsdruck weiter getrieben werden.

[2]) Nach den neuesten Forschungen ist man zu der Ansicht gelangt, daß sich das gesamte Weltall aus zwei riesigen Sternringen oder Sternströmen zusammensetzt. Es hat Turner vor der astronomischen Gesellschaft in London Studien vorgetragen, mit denen er die Lage des Mittelpunktes für den Sternstrom berechnet, zu dem die Sonne gehört. Er liegt danach ungefähr an der Stelle, wo sich der nach Boß bekannte Sternhaufen im Stier befindet. Der Umlauf der Sonne soll in etwa 400 Millionen Jahren erfolgen; es ist etwa eine Million Jahre vergangen, seit die Sonne den Punkt der geringsten Entfernung von diesem Zentrum passiert hat.

Das Zukunftsbild.

Hypothetisches.

Das „Zweckmäßige" in der Natur — bildlich zu jeder Zeit als Natur sich vor unseren Augen zeigend — hat sich durch selbständiges und allmähliches Tun von kleinen Anfängen bis zu dem heutigen Zustande geschaffen. Im organischen Leben war es die einfache Zelle, die als ein Gebild von Kohlenstoff-, Wasserstoff-, Sauerstoff- und Stickstoff-Verbindungen mit anorganischem Gerüst sich bis zum komplizierten Zellenverbande entwickelt hat. In diesem organischen Leben, aber auch im anorganischen Leben, schied also Untaugliches von selbst aus, weil Untaugliches — d. i. sich der Erde und der Atmosphäre nicht anpassendes — zunächst überhaupt kaum entstehen konnte. Erst in dem Gemeinschaftsleben der verschiedenen organischen Gebilde konnte etwas entstehen, das sich nicht diesen gegebenen Verhältnissen des Planeten anpaßte und daher im Kampf ums Dasein unterliegen mußte. Und als dann später ein organisches Gebild entstand, das durch Laute und dann durch Sprachen sich verständigte, also „Sichtbares und Erlebtes" dem gleichartig gestalteten Individuum mitteilen konnte und solcherart zu einem „Verstande" verdichtete (das tierische Wesen und der Mensch), mußte früher oder später „Unnatürliches" als Ausnahme entstehen. Mag man derartig „Unnatürlichem" mit unserem heutigen menschlichen Begriffsvermögen den Namen Krankheit geben oder mag man es kurzerhand als Gebild bezeichnen, das auf der Erde neben der Menschheit als unwürdig erscheint — es kommt alles auf dasselbe Ziel hinaus, d. i. die Bekämpfung dessen, das den heutigen Erdverhältnissen und auch dem heutigen menschlichen — vernünftigen — Dasein zuwider erscheint. Ob freilich eine wirklich vernunftgemäße Veredlung des menschlichen Gebildes erreicht wird? Es gibt schon zu viele der

„schlechten Auswüchse“, zu viele mit der menschlichen Sprache verbreitete Unwahrheiten und es ist die Lüge — das schlimmste Übel und daher die Ursache so vielen Unheils — allzu sehr eine Interessennotwendigkeit der Menschheit geworden, als daß wir an eine wirklich allgemeine Gesundung des begabtesten aller organischen Gebilde — des Menschen — in körperlicher wie geistiger Hinsicht mit Bestimmtheit glauben können [1]). Doch werden Betrachtungen dieser Art wohl besser mit einer gewissenhaften Verfolgung der Geschichte der Rassen und der Geschichte der verschiedenen Völker der Erde durchdacht. Wählen wir daher ein anderes, mehr den naturwissenschaftlichen Ereignissen abgesehenes Bild:

Bereits S. 22 haben wir uns erzählen lassen, daß der gesamte Sauerstoff unserer heutigen Atmosphäre zu dem Kohlenstoffgehalt der uns bekannt gewordenen Kohlenlager u. a. m. in einem Zahlenverhältnisse steht, aus dem sich die Verbindung Kohlendioxyd (CO_2) berechnet. Der Kohlenstoffgehalt der Kohlen u. a. aber wurde von dem Pflanzenmaterial ehedem durch Kohlensäureassimilation aus der Atmosphäre entnommen. Daher kann vielleicht angenommen werden, daß die Erdatmosphäre vor Beginn organischen Lebens weitaus kohlendioxydreicher war als heute und daß vielleicht in der damaligen Atmosphäre Sauerstoff in freiem Zustande nur in geringen Mengen vorhanden war. Ist diese Hypothese richtig, dann haben wir also eine langsame, aber mit ihrem Endresultat ganz gewaltige Umänderung in der Zusammensetzung der Atmosphäre erkannt [2]).

Umwandlungen organischen Seins und auch die unaufhörlich vor sich gehenden Veränderungen anorganischer Erdenkörper können in der sehr langsam sich vollziehenden Verwandlung das heutige menschliche Auge, nicht aber den menschlichen Verstand über eine ferne Zukunft unseres Planeten täuschen. In sachlicher Verfolgung der Vorgänge

[1]) Oder mit anderen Worten: In der Praxis leben wir leider in einem Zeitalter der menschlichen Spitzfindigkeit, der menschlichen Wortdeuterei, auch der menschlichen Wortverdreherei. Das Zeitalter der nackten menschlichen Wahrheit ist der Zukunft vorbehalten. Wenn doch ein Jeder sich vorhalten wollte: Sage die Wahrheit, auch wenn sie Dir selbst für den Augenblick äußerlich nur schadet; Du veredelst dadurch Dich und Deine Umgebung im Charakter als „Mensch unter Menschen“.

[2]) Die Zeit, während welcher diese Umänderung stattfand, läßt sich in Zahlen nicht ausdrücken.

auf unserem Planeten wird man sich bewußt werden, daß die Geschehnisse der Gegenwart vielfach zugleich Anfänge der Geschehnisse einer veränderten Zukunft sind, wie auch die Gegenwart schon vielfach bildliche Veränderungen der Vergangenheit darstellt. Und die Zusammensetzung der Atmosphäre ist es, welche die Zukunft des Planeten Erde voraussagen läßt.

Ich beginne mit dem Kohlendioxyd bzw. Kohlensäuregehalt der Luft, der für das pflanzliche Leben, und damit als Nahrungsstoff auch für den tierischen Organismus von größter Bedeutung ist. Der Kohlendioxydgehalt unserer heutigen Atmosphäre beträgt, wie schon früher angegeben, 0,02 bis 0,05 Proz.; er berechnet sich auf die Gesamtatmosphäre zu 2,3 Billionen Tonnen Kohlendioxyd.

Zurzeit verbraucht der Pflanzenwuchs der Erde etwa den 50. Teil des Kohlendioxyds der Atmosphäre. Schon durch die Verbrennung fossilen kohlenstoffhaltigen Materials — Anthrazit, Steinkohle, Braunkohle, auch Petroleum — wird der Atmosphäre eine Kohlendioxydmenge wieder zugeführt, die den Kohlendioxydbedarf annähernd 6—10fach deckt. Aber diese Zeit, da wir fossile Kohle verbrennen, ist — mit erdgeschichtlichem Maßstabe gemessen — eine recht kurze. Kohlendioxyd wird der Atmosphäre von neuem auch aus verschiedenen anderen Quellen übergeben. Bei der Verarbeitung von Nahrungsstoff im tierischen und menschlichen Organismus wird Kohlendioxyd zurückgegeben. Sodann entweichen den kohlensäurehaltigen Quellen, welche von tiefen Schichten der Erde herauf aus Erdspalten austreten, kohlendioxydhaltige Gase. Vorläufig haben wir auch noch mit vulkanischen Ausbrüchen zu rechnen und diese geben neben anderen Gasen und Dämpfen[1]) auch ungeheuere Mengen Kohlendioxyd[2]) an die Atmosphäre. Ist dann freilich in einer sehr fernen Zukunft die vulkanische Periode beendet, hat sich also die Erdrinde in allmählicher, aber beständiger Abkühlung sehr stark verpanzert, so, daß sie flüssiges Magma auch bei hohen Druckverhältnissen nicht mehr hindurchlassen kann, dann wird

[1]) Hierzu sind zu rechnen Stickstoff, Chlor und Chlorverbindungen, Wasserstoff, Ammoniak, Schwefeldioxyd, Schwefeltrioxyd, Wasserdampf, Kohlenwasserstoffe.

[2]) Man ist geneigt anzunehmen, das dieses Kohlendioxyd zufolge Verbrennung von Kohlenwasserstoffen entstehe, also im vulkanischen Magma nicht präformiert ist.

sich der Kohlendioxydgehalt der Atmosphäre langsam, aber wesentlich verringern. Kohlendioxyd der Atmosphäre wird auch von Gesteinsarten zur Bildung von Verbindungen, den Karbonaten, gebunden. Auf dem Umwege durch den tierischen Organismus wird Kohlendioxyd außerdem in den Korallenriffen als Karbonat festgehalten. Und wenn wir die Kohlendioxydmenge berechnen, welche jährlich durch die Flüsse dem Meerwasser als Karbonat oder Bikarbonat u. a. m. — zugeführt wird, so zeigt sich, daß dieselbe annähernd 1600 Millionen Tonnen beträgt. Mit einer solchen ständigen Abnahme von Kohlendioxyd sinkt — wiederholt betont: in sehr fernen Zeiten — aber auch die Temperatur. Denn das Kohlendioxyd spielt bei der Absorption der Wärmestrahlen eine sehr große Rolle [1]).

Ist alles Kohlendioxyd der Luft verschwunden, so sinkt die Temperatur um etwa 21°.

Es wird klar, daß bei dieser Temperaturerniedrigung die Hydrosphäre in dem Sinne bedenklich sich zu ändern beginnt, als sie an vielen Stellen zu festem Eis erstarrt.

Aber auch der Sauerstoff der Atmosphäre wird bei vielen Umwandlungen in der Natur verbraucht. Ich erinnere hier an die Bindung von atmosphärischem Sauerstoff durch Eisenoxydulverbindungen, das sind Körper, die die Eigenschaft haben zu höheren Oxydationsstufen anzuwachsen; ich erinnere auch an die Oxydationsvorgänge bei der Verwesung von abgestorbenen Organen des pflanzlichen, tierischen und menschlichen Organismus. Vom Himmel stürzen Meteorite, die als Metalle bzw. Metallegierung ebenfalls eine sauerstoffverzehrende Wirkung ausüben. Katastrophale Veränderungen im Weltensystem durch den Untergang von Himmelskörpern, die sich dem Anziehungsbereich der Erde nähern, können den Sauerstoffverbrauch beschleunigen; aber auch das Erinnere verbraucht dann massenhaft Sauerstoff, wenn durch Berstungen etwa ein feurig-flüssiger Teil unseres Planeten mit dem Sauerstoff der Atmosphäre in Oberflächenwirkung kommt. Nochmals treten bei solchen Umwälzungen vielleicht *stellenweise* günstigere Lebensbedingungen für den Planeten im Sinne des heutigen Zustandes ein; sehr bald

[1]) So herrschte auch zu Zeiten des angeblichen atmosphärischen Kohlendioxydreichtums der Karbonzeit eine höhere Temperatur, bedingt durch stärkere Absorption der Sonnenstrahlen.

aber schwinden auch diese Erscheinungen und von neuem setzt an diesen einzelnen Stellen die Wirkung des erkaltenden Himmelskörpers ein.

Die Erdspalten haben dann in einem uns heute vielleicht unglaublich erscheinenwollendem Maße Salzsolen an dem einen Orte, Eismassen an dem anderen Orte, auch viel Sand zwischen sich aufgenommen. Es wird das Wasser der Hydrosphäre dann langsam zu Hydratverbindungen, wie Eisenhydroxydul und Eisenhydroxyd, gebunden und es setzt sich auch das Wasser in Form von Kristallsalzen in fester Form ab.

Und endlich der Stickstoff der Atmosphäre? Es besteht schon jetzt eine, wenn auch nur in sehr geringem Umfange stattfindende, doch unaufhörlich vor sich gehende Verbrennung von Stickstoff durch elektrische Entladungen, die von elektrisch geladenem Weltensonnenstaub herrühren; dabei bilden sich stickstoffhaltige Verbindungen. Solche Vorgänge werden sich in sehr fernen Zeiten voraussichtlich in viel heftigeren Folgeerscheinungen vollziehen; sie führen dann entweder zur Bildung von Salpeterlagern, wie die unseres heutigen Chile oder zur Bildung von Ammoniak, d. i. eine Vereinigung von Stickstoff und Wasserstoff [1].

Noch eine andere, in seinen Wirkungen jetzt wesentliche Erscheinung tritt hinzu. Es ist: das Austreten leichter Gase aus der Atmosphäre und das Verschlucken schwerer Gase wie Stickstoff und Sauerstoff durch erkaltende Gesteinsmassen.

Jeder Körper auf unserem Planeten übt zu unseren Zeiten eine gewisse Anziehungskraft aus, die von uns als Schwerkraft ausgedrückt wird. Es zeigt sich nun, daß, sobald leichte Gase der Erdatmosphäre durch die Umdrehungsgeschwindigkeit eine hohe Schnelligkeit bekommen, sie dann die Anziehungskraft dieses Körpers übertreffen können. Tritt das bei einem Gase also ein, so vermag es in den kalten Weltenraum zu entfliehen; es tritt mithin aus der Atmosphäre des Planeten aus. Solcherart hat aller Berechnung nach schon heute ein Teil des leichten Wasserstoffs und ein Teil des leichten Heliums die Erdatmosphäre verlassen. Es wirkt auch der Strahlungsdruck der Gestirne,

[1]) Da Pfanzenwachstum dann schon längst nicht mehr besteht, so vermag der Stickstoff bzw. die Stickstoffverbindung nicht etwa durch organisches Leben assimiliert zu werden.

vornehmlich der der Sonne. Sicher werden die äußeren Schichten der Erdatmosphäre so sehr von der Sonne bestrahlt, daß Komplexe der Atmosphäre (Moleküle) trotz der Schwerkraft der Erde weggetragen werden (S. Arrhenius).

Im Zusammenhange damit kann man mit F. Wächter für das Entschwinden von Gasteilchen der Atmosphäre auch die elektrische Abstoßung in Betracht ziehen; eine solche ist für die Gasteile der Kometen bereits nachgewiesen worden.

Sauerstoff gehört bekanntlich zu den schweren Gasen; er muß daher einstweilen in der Erdatmosphäre verbleiben. Selbstverständlich können solch schwere Gasteile bei der völligen Erstarrung der Planetenschichten verschluckt werden, wie eine Verschluckung von Gasteilen auch schon stattfand, da unser Planet Erde langsam zu erkalten begann. Schließlich können bei Sonnenwärmeverlusten die kritischen Temperaturen der Gase erreicht werden, bei denen eine Verflüssigung der in Gesteinen eingeschlossenen Gase, im Anschlusse daran wohl auch ein Gefrieren derselben möglich ist.

Es können die Gase verflüssigt werden, wenn wir sie genügend tief — oft sehr tief — abkühlen. Durch Druckerhöhung werden Gase nur verflüssigt, wenn sie zugleich eine bestimmte Temperatur haben, welche für jedes Gas eine andere ist. Diese bestimmte Temperatur wird die kritische Temperatur genannt; der Druck, welchen ein Gas bei seiner kritischen Temperatur ausübt, heißt der kritische Druck.

Kritische Temperatur und kritischer Druck ist für:

Heutige Luft:	—140°	39 Atmosphären
Sauerstoff:	—118°	50 "
Stickstoff:	—146°	35 "
Stickoxyd:	— 93°	71 "
Wasserstoff:	—220°	15 "
Ammoniak:	+130°	133 "
Kohlendioxyd:	+ 31°	77 "
Argon:	—121°	51 "
Wasser:	+370°	196 "

Flüssiges Kohlendioxyd wurde zu allererst mikroskopisch im Quarz von Graniten gefunden; es muß demnach unter einem gewaltigen Atmosphärendruck entstanden sein.

Fassen wir zusammen, so wird uns bewußt: Die Atmosphäre sowie die Hydrosphäre wird aller Berechnung nach einstens schwinden; die Atmosphäre wird allmählich verbraucht[1]). Es verbleibt schließlich ein atmosphärenarmer

[1]) In den obigen Betrachtungen ist noch gar nicht die Möglichkeit einer Verbrennung von Wasserstoff in Atmosphärenhöhe vorgesehen unter Verbrauch von Sauerstoff und Bildung von Wasser.

Planet, ähnlich, wie ein solcher heute der Mars zu sein scheint. Dann tritt eine immer stärkere Abkühlung ein; der Planet geht schließlich in einen Zustand über, der dem des Mondes, wahrscheinlich auch dem des Merkur ähnlich sein dürfte.

Die wenigen übriggebliebenen Wasser- bzw. Eismassen auf dem Festlande destillieren zu dem Pol hinüber und bedecken ihn mit einem Hauch von Reif oder Schnee. Bei dem Vorüberschreiten des Wasserdampfes über die ausgetrockneten oder ausgefrorenen Salzseen ziehen nun die hygroskopischen Salze Wasser an, werden stellenweise feucht und erscheinen dadurch dunkel gegen die durch Wind und Sand abgeschliffenen Ränder ehemaliger Berge der Erdrinde. Pflanzliches Leben im heutigen Sinne unserer Anschauung hatte schon aufgehört, als der Kohlendioxydgehalt der Atmosphäre für eine pflanzliche Assimilation nicht mehr ausreichte; es wird daher zunächst die Pflanzenwelt dem langsamen, aber sicheren Untergange geweiht sein, dann — fast berechenbare Zeiten später — auch das tierische und menschliche Leben.

Hat wohl in späteren Jahrtausenden der Menschengeist der Erde es verstanden, die Bausteine der organischen Natur zu erkennen, so, daß er als Mensch brauchbare Nahrungsmittel künstlich aus elementaren Körpern zusammenfügt, so zwingt doch die Überlegung zu der Erkenntnis, daß auch das tierische bzw. menschliche Leben auf dem Planeten ein begrenztes, und zwar im Vergleiche zur Existenz des Planeten selbst ein verhältnismäßig kurzes ist, weil es von der Atmosphärenzusammensetzung und von der Gegenwart eines Sauerstoffgemisches abhängig ist. Schon eine wesentliche Sauerstoffkonzentration — z. B. durch Entfernung von viel Stickstoff — würde wesentliche Veränderungen des Organismus, eventuell auch seine Abtötung hervorrufen. Das aber bewirkt auch eine durch äußere — weltkatastrophenartige — Einflüsse erfolgte plötzliche Aktivierung des molekularen Sauerstoffs unserer heutigen Atmosphäre.

So wird die Erde also einstens ein für unseren heutigen menschlichen Begriff reaktionsstiller, fast toter Körper sein und als solcher sich im Weltenraum bewegen bis vielleicht Wärme ihm wieder zurückgegeben wird durch Absterben heißer Weltenkörper dieses Weltensystems oder durch Zusammenstoß mit anderen Weltenkörpern oder durch irgendwelches andere neue Geschehen im Sinne chemischer Umwandlungen, denen alsdann das, was wir Leben nennen, unter den hierzu geeigneten physikalischen Bedingungen sich von neuem anschließen kann und wird.

Noch weitergehend läßt die Phantasie menschlich durchdachte Schlüsse zu. Ob das nach der herrschenden Meinung aus 2 Sternströmungen sich zusammensetzende Weltall (S. 149) in den elektrischen Gegenströmungen (S. 61) sich einstens etwa auslösen kann? Ob dann ein Abbau der anorganischen Materie bis zum Zerfall der Materienatome zu Emanation gedacht werden kann? Das würde das Ende aller Ende noch wesentlich näher bringen. Es bedeutet dieses Ende dann einen Übergang vom Stoff zur Kraft, wenn die Umwandlung einseitig, nicht mit Rückverwandlung zu Stoff gedacht wird. Das kommt dann einem Rückgang nahe, schließlich auch zu der Kraft, der die Existenz des Weltalls und seiner Einzelkörper zuzuschreiben ist.

Anhang.

Chemischer Ausdruck für das

Element	als Atom gedacht	mit dem Atom-gewicht	Element	als Atom gedacht	mit dem Atom-gewicht
Silber	Ag	107.88	Stickstoff	N	14.01
Aluminium	Al	27.1	Natrium	Na	23.00
Argon	Ar	39.88	Niobium	Nb	93.5
Arsen	As	74.96	Neodym	Nd	144.3
Gold	Au	197.2	Neon	Ne	20.2
Bor	B	11.0	Nickel	Ni	58.68
Barium	Ba	137.37	Niton	Nt	222.4
Beryllium	Be	9.1	**Sauerstoff**	**O**	**16.00**
Wismut	Bi	208.0	Osmium	Os	190.9
Brom	Br	79.92	Phosphor	P	31.04
Kohlenstoff	C	12.00	Blei	Pb	207.10
Kalzium	Ca	40.07	Palladium	Pd	106.7
Kadmium	Cd	112.40	Praseodym	Pr	140.6
Zerium	Ce	140.25	Platin	Pt	195.2
Chlor	Cl	35.46	Radium	Ra	226.4
Kobalt	Co	58.97	Rubidium	Rb	85.45
Chrom	Cr	52.0	Rhodium	Rh	102.9
Kaesium	Cs	132.81	Ruthenium	Ru	101.7
Kupfer	Cu	63.57	Schwefel	S	32.07
Dysprosium	Dy	162.5	Antimon	Sb	120.2
Erbium	Er	167.7	Skandium	Sc	44.1
Europium	Eu	152.0	Selen	Se	79.2
Fluor	F	19.0	Silizium	Si	28.3
Eisen	Fe	55.84	Samarium	Sm	150.4
Gallium	Ga	69.9	Zinn	Sn	119.0
Gadolinium	Gd	157.3	Strontium	Sr	87.63
Germanium	Ge	72.5	Tantal	Ta	181.5
Wasserstoff	H	1.008	Terbium	Tb	159.2
Helium	He	3.99	Tellur	Te	127.5
Quecksilber	Hg	200.6	Thor	Th	232.4
Holmium	Ho	163.5	Titan	Ti	48.1
Indium	In	114.8	Thallium	Tl	204.0
Iridium	Ir	193.1	Thulium	Tu	168.5
Jod	J	126.92	Uran	U	238.5
Kalium	K	39.10	Vanadium	V	51.0
Krypton	Kr	82.92	Wolfram	W	184.0
Lanthan	La	139.0	Xenon	X	130.2
Lithium	Li	6.94	Yttrium	Y	89.0
Lutetium	Lu	174.0	Ytterbium	Yb	172.0
Magnesium	Mg	24.32	Zink	Zn	65.37
Mangan	Mn	54.93	Zirkonium	Zr	90.6
Molybdän	Mo	96.0			

Es sind bis jetzt annähernd 90 Elemente bekannt geworden.

Die **Wertigkeit der Atome** ist eine verschiedene: Cl, K und andere sind einwertig; O, S, Ca, Zn und andere sind zweiwertig; Fe ist wie andere in einigen Verbindungen zweiwertig, in anderen Verbindungen dreiwertig usw.

Die Vereinigung mehrerer Atome wird als **Molekül** gedacht; z. B.:

O_2 = Sauerstoffmolekül
O_3 = Ozonmolekül
NaCl = 1 Molekül Natriumchlorid (Kochsalz)
Na_2SO_4 = 1 Molekül Natriumsulfat.

Das **Atomgewicht** ist das Gewicht der Atomeinheit auf Sauerstoff (O) = 16 oder — weniger üblich — auf Wasserstoff (H) = 1 bezogen.

Bei chemischen Umwandlungen kommen diese Gewichte mit gleichzeitiger Berücksichtigung der Wertigkeit der Atome in Betracht.

Manche Körper zeigen **Kristallwasser,** d. h. sie kristallisieren mit Wasser im Molekül, z. B.:

Kristallsoda; Na_2CO_3, $10 H_2O$.

Viele dieser Kristallwasser führenden Körper verlieren einen Teil des Wassers mehr oder weniger schnell schon an der Luft. Die soeben erwähnte Verbindung kann sich solcher Art z. B. in Na_2CO_3, $2 H_2O$ umwandeln.

Manche, so auch die erwähnte Verbindung, können durch Erhitzen alles Kristallwasser verlieren.

Dementsprechend können diese Salze aus warmen und kalten wässerigen Lösungen mit verschiedenen Kristallwassermengen zum Vorschein kommen.

Zwei **isomere** Körper haben gleichgroße prozentuale Mengen an den elementaren Einzelbestandteilen, doch ist die Gruppierung dieser Einzelelemente zu dem chemischen Molekül (die molekulare Konstitution) in dem einen Falle eine andere als in dem anderen Falle.

Beispiel: $C_6H_{12}O_6$ ist die Formel für gewisse Zuckerarten, z. B.: für Glykose und für Lävulose. Beide Körper haben aber eine andere Gruppierung der Atome C, H und O im Molekül $C_6H_{12}O_6$ und daher auch verschiedene physikalische Eigenschaften.

Isomerie kann schon eintreten durch die verschiedenzahlige Vereinigung gleicher Atome zum Molekül. In solchen Fällen bezeichnet man die Isomerie als **Allotropie.**

Beispiel: Phosphor ist als gelber Phosphor und als roter Phosphor zu 100 Proz. P. In dem einen Falle ist aber eine andere Anzahl Atome zum Molekül vereint als in dem anderen Falle; daher unterscheiden sich beide Phosphorarten physikalisch wie chemisch.

Die chemische **Säure** hat im molekularen Verband mindestens 1 H-Atom, das durch Metalle ersetzbar ist; z. B. entsprechen den Säuren:

HCl Chlorwasserstoff, HNO_3 Salpetersäure,
H_2SO_4 Schwefelsäure, CH_3COOH Essigsäure

die Verbindungen:

KCl, KNO_3, $KHSO_4$ und K_2SO_4, CH_3COOK,

wobei K = Kalium (Metall) bedeutet.

In **anorganischen Basen** ist eine Gruppe OH (Hydroxyl) mit Metallen im molekularen Komplex vorhanden, z. B.:

$NaOH$ = Natriumhydroxyd.

(Die Benennung erfolgt durch den Zusatz „hydroxyd" zum Namen des Metalls.)

Säuren und anorganische Basen vereinigen sich unter Wasseraustritt zu **Salzen,** z. B.:

$$NaOH + HCl = NaCl + \underset{\text{Wasser}}{H_2O}$$

Geht die Absättigung stufenweise vor sich, z. B.:

$$H_2SO_4 + NaOH = \underset{\text{saures schwefelsaures Natrium}}{NaHSO_4} + H_2O$$

so entsteht zunächst ein saures Salz und dann erst das neutrale Salz:

$$NaHSO_4 + NaOH = \underset{\text{neutrales schwefelsaures Natrium}}{Na_2SO_4} + H_2O$$

Umgekehrt können auch basische Verbindungen entstehen durch Mangel an Säure.

Es kann die eine der Säuren stärker sein als andere Säuren und ebenso die eine der Basen stärker sein als andere Basen; das ist bei den chemischen Umsetzungen wie bei den Umwandlungen ebenso zu berücksichtigen wie die etwaige „Massenwirkung" eines Körpers.

Beispiele:

Beim Versetzen von Natriumkarbonatlösung (Lösung von kohlensaurem Natrium = Sodalösung) mit Salzsäure (d. i. Chlorwasserstoff in Wasser) entweicht Kohlendioxyd, weil Salzsäure eine stärkere Säure ist als die Kohlensäure:

$$Na_2CO_3 + 2\,HCl = 2\,NaCl + \underset{\text{Kohlensäure}}{H_2CO_3}$$

$$\underset{\substack{\text{(in freiem Zustande}\\ \text{unbeständig, auch in}\\ \text{wässeriger Lösung wenig}\\ \text{beständig)}}}{H_2CO_3} = \underset{\substack{\text{Kohlen-}\\ \text{dioxyd}}}{CO_2} + H_2O$$

Beim Erhitzen von Natriumchlorid mit Schwefelsäure entweicht Chlorwasserstoff:

$$2\,NaCl + H_2SO_4 = Na_2SO_4 + HCl;$$

beim Erwärmen von Ammoniumchloridlösung mit Natronlauge (NaOH in H_2O) entweicht Ammoniak:

$$NH_4Cl + NaOH = NaCl + NH_3 + H_2O.$$

Beim Versetzen von Natriumchloridlösung mit viel Salpetersäure wird im Sinne einer „Massenwirkung" der Salpetersäure Natriumnitrat neben HCl und NaCl bestehen:

$$x.NaCl + \begin{array}{l} HNO_3 \\ HNO_3 \\ HNO_3 \text{ u. s. f.} \end{array} \rightleftarrows NaNO_3 + HCl + x.NaCl$$

und ein Zusatz von viel HCl wird die Rückbildung von Natriumchlorid verursachen; daher die Pfeilstrichbezeichnung in der Gleichung.

Konzentration, Temperatur und Druck verschieben das Gleichgewicht.

In Anlehnung an physikalische Forschungsergebnisse spricht man auch in der Chemie von I o n e n r e a k t i o n e n. Es sind Reaktionen, welche bei den physikalisch kleinsten Körpern entweder unter sich als Wirkung elektrisch geladener Atome (d. s. die Ionen) oder in Form ihrer Komplexe vornehmlich in wässerigen Lösungen mit Bildung neuer selbständiger Komplexkörper stattfinden. Z. B.: $\overset{+}{Na}$ ist reaktionsfähiges Natriumion; Cl ist reaktionsfähiges Chlorion; $\dot{NO}_3$, HSO_4, $\overline{SO}_4$ sind reaktionsfähige Komplexe von Ionen. I n d e r w ä s s e r i g e n L ö s u n g ist daher Kochsalz (NaCl) zum Teil als $\overset{+}{Na}$ion und Clion (= elektrolytische Dissoziation des NaCl, entsprechend der Zeichen + [Kation] und — [Anion]) und zum Teil als nicht dissoziiertes NaCl (molekularer Komplex) vorhanden. Schwefelsäure H_2SO_4 ist in der wässerigen Verdünnung zum Teil dissoziiert in HSO_4 und $\overset{+}{H}$, daneben in $\overline{SO}_4$ und $\overset{+}{H} + \overset{+}{H}$.

Der in der Reaktion neu entstehende chemische Komplexkörper pflegt eine geringere Dissoziation in Ionen zu zeigen als die seine Entstehung hervorrufenden chemischen Körper. Der Grad der elektrolytischen Dissoziation hängt u. a. von dem Grade der wässerigen Verdünnung der gelösten Substanz (Säure, Base, Salz) ab und er ist von Einfluß auf die Reaktionsgeschwindigkeit.

Den Säuren und Basen entsprechen **Säureanhydride** und **Basenanhydride** (Metalloxyd), z. B.:

SO_3 Schwefelsäureanhydrid ist H_2SO_4 minus H_2O

Na_2O Natriumoxyd entspricht $2\,NaOH$ minus H_2O.

Zur Vermeidung von Mißverständnissen sei hier eingeschaltet: der Ausdruck „**Anhydrit**" wird vielfach für „wasserfreien Gips" gebraucht; also:

$CaSO_4, 2\,H_2O$ bzw. $CaSO_4, x\,H_2O$ = Gips

$CaSO_4$ = Anhydrit (wasserfreier Gips).

In den sogenannt organischen Verbindungen, das sind Verbindungen von Kohlenstoff mit Wasserstoff oder mit Wasserstoff und Sauerstoff oder mit Wasserstoff, Sauerstoff und Stickstoff, oder auch noch mit anderen Elementen, zeigt die Gruppe OH häufig einen **Alkohol** an, z. B.:

CH_3OH Methylalkohol (CH_3 = Methylgruppe)

C_2H_5OH Äthylalkohol (C_2H_5 = $CH_3 . CH_2$ = Äthylgruppe)

$C_3H_5(OH)_3$ = Glyzerin (Propenylalkohol).

Es kann unter gewissen Bedingungen eine Einwirkung von Säure auf Alkohol unter Austritt von Wasser (wie bei der Bildung von anorganischen Salzen) stattfinden; dann spricht man von **Esterbildung**; z. B.:

$$2\,C_2H_5OH + H_2SO_4 = \underset{\text{Schwefelsäureäthylester (Äthylsulfat)}}{(C_2H_5)_2SO_4} + 2\,H_2O$$

$$C_2H_5OH + HCl = \underset{\text{Äthylchlorid}}{C_2H_5Cl} + H_2O,$$

dementsprechend CH_3Cl, $(CH_3)_2SO_4$ Ester des Methylalkohols, wenn aus Methylalkohol und Säure gebildet.

Auch Öle und Fette sind Ester; sie sind als solche zerlegbar in Alkohol, d. i. hier Glyzerin, und in Säure, das sind hier die sogenannten Fettsäuren. Z. B.:

Stearin ist ein Ester, zerlegbar in Glyzerin und Stearinsäure,
Palmitin „ „ „ „ „ „ „ Palmitinsäure,
Olein „ „ „ „ „ „ „ Ölsäure.

Es enthalten flüssige Öle vorwiegend Olein, feste Fette vorwiegend Stearin und Palmitin. Eintrocknende Öle verdanken ihre Eigenschaft vorwiegend der Leinölsäure, die mit Glyzerin als Ester zugegen ist.

Den Fetten als Ester nahestehend sind Wachsarten und Walrat; sie enthalten aber nicht Glyzerin, sondern andere Alkohole hochmolekularer Zusammensetzung in der Esterverbindung mit Fettsäuren.

In gewissen Klassen organischer Verbindungen (z. B.: Benzol und Benzolderivate) benennt man die wie Alkohol „hydroxylierten" Verbindungen **Phenole.**

Das einfachste Phenol leitet sich vom Benzol ab:

C_6H_6 = Benzol; C_6H_5OH = Phenol; C_6H_5OK = Phenolkalium.

Hydrolyse vollzieht sich bei anorganischen wie bei organischen Körpern, wenn in den molekularen Verband der chemischen Substanz Wasser eintritt und dadurch eine Zerlegung in Einzelkörper stattfindet; es spielt hierbei die wässerige Verdünnung der gelösten Substanz, auch Temperatur und Druck eine Rolle, so daß in den meisten Fällen nur eine partielle Hydrolyse der gelösten Substanz zu beboachten sein wird. Die Hydrolyse ist dementsprechend — wie eine jede andere chemische Reaktion — eine Molekül für Molekül mehr oder weniger schnell bzw. mehr oder weniger langsam fortschreitende Erscheinung.

Z. B. sind die Ester ebenso wie die anorganischen Salze unter gewissen Versuchsbedingungen einer Hydrolyse durch reines Wasser fähig.

Alkoholanhydride, entstanden durch Wasseraustritt aus den Hydroxylgruppen, werden gewöhnlich **Äther** benannt, z. B.:

$2\,C_2H_5OH$ minus H_2O = $C_2H_5.O.C_2H_5 + H_2O$
Äthyläther

$CH_3OH + C_2H_5OH$ minus H_2O = $CH_3.O.C_2H_5 + H_2O$
Methyläthyläther

Entzieht man gewissen Alkoholen unter gewissen Bedingungen Wasserstoff, so können **Aldehyde** entstehen:

CH_3OH minus $2H$ = CH_2O (HCOH) Formaldehyd

(Der Name leitet sich von Acidum formicicum Ameisensäure ab.)

$CH_3.CH_2OH$ minus $2H$ = CH_3COH Azetaldehyd

(Der Name leitet sich von Acidum aceticum Essigsäure ab.)

Bei diesen Körpern steht eine Gruppe CO (Karbonyl) in Verbindung mit Wasserstoff und mit Alkyl-Radikal (= Kohlenwasserstoffrest). Alkyl-Radikal ist z. B. die Restgruppe Methyl CH_3 oder die Restgruppe Äthyl C_2H_5 u. a. m.

Hydroxyl-Radikal ist die Gruppe OH, die, in Analogie zu anderen Benennungen, meist Hydroxylgruppe bezeichnet wird. Es ergibt sich dementsprechend für die Aldehyde die allgemeine Formel:

$$\underset{(H)}{R} - CO - H \text{ oder } CO{<}^{H}_{R(H)}.$$

Die **Ketone** enthalten dieselbe Gruppe CO (Karbonyl), doch in Verbindung mit 2 Alkyl-Radikalen. Also ergibt sich für diese Körper die allgemeine Formel:

$$R - CO - R \text{ oder } CO{<}^{R}_{R},$$

z. B.:

$$CH_3 . CO . CH_3 \text{ Azeton.}$$

Die vorstehenden Erörterungen chemischer Ausdrücke sind lediglich zum Zwecke des leichteren Verständnisses der Schrift gegeben worden; die eigentlichen Grundlagen der Chemie möge man mit Hilfe ausführlicher Lehrbücher der Chemie erlernen.

Benutzte Literatur.

S. Arrhenius, Die Atmosphäre der Planeten. Leipzig. Akademische Verlagsgesellschaft.

—, Das Werden der Welten. Leipzig 1908.

—, Die Vorstellung vom Weltgebäude. Leipzig 1908.

J. Crüger, Grundzüge der Physik. Leipzig. C. F. Amelang.

J. Czapek, Biochemie der Pflanzen. Jena. Gustav Fischer.

P. Ebenhöch und Th. Himmelein, Der Bau des menschlichen Körpers. Eßlingen bei Stuttgart. J. F. Schreiber.

O. W. Fischer, Kurzes Lehrbuch der chemischen Technologie. Wien 1906. Franz Deuticke.

F. Fuhrmann, Vorlesungen über Bakterienenzyme. Jena. G. Fischer.

E. Gildemeister und F. Hoffmann (Miltitz bei Leipzig). Die ätherischen Öle. Leipzig. L. Staackmann.

P. Gisevius, Das Werden und Vergehen der Pflanzen. Leipzig. B. G. Teubner.

H. Haas, Katechismus der Geologie. Leipzig.

O. Hammarsten, Lehrbuch der physiologischen Chemie. Wiesbaden. J. F. Bergmann.

H. Kauffmann, Das Radium. Stuttgart. Strecker & Schröder.

P. Lindner, Mikroskopische Betriebskontrolle in den Gärungsgewerben. Berlin. P. Parey.

W. W. Meyer, Bewohnte Welten. Leipzig. Th. Thomas.

—, Die Naturkräfte. Leipzig und Wien.

J. B. Messerschmitt, Die Erde als Himmelskörper. Stuttgart. Strecker & Schröder.

H. Röttger, Lehrbuch der Nahrungsmittel-Chemie. Leipzig. J. Barth.

H. Rupe, Die Chemie der natürlichen Farbstoffe. Braunschweig. F. Vieweg & Sohn.

F. Strohmer, Die Ernährung des Menschen. Wien. C. Gräser.

F. Toula, Das Salzgebirge und das Meer. Wien.

—, Die Steinkohlen. Wien.

P. Vageler, Die Bindung des atmosphärischen Stickstoffs. Braunschweig. F. Vieweg & Sohn.

J. Walther, Geschichte der Erde und des Lebens. Leipzig. Veit & Co.

—, Lehrbuch der Geologie von Deutschland. Leipzig. Quelle & Meyer.

—, Vorschule der Geologie. Jena. G. Fischer.

R. v. Zeyneck, Die chemischen Vorgänge bei der Atmung. Wien.

Sachregister.

A. Marcus & E. Webers Verlag (Dr. jur. Albert Ahn) in Bonn

MIX
Papier | Fördert gute Waldnutzung
FSC® C083411

Zeitfracht Medien GmbH
Ferdinand-Jühlke-Straße 7
99095 Erfurt, Deutschland
produktsicherheit@kolibri360.de